열려라 심화

초등수학

5-2

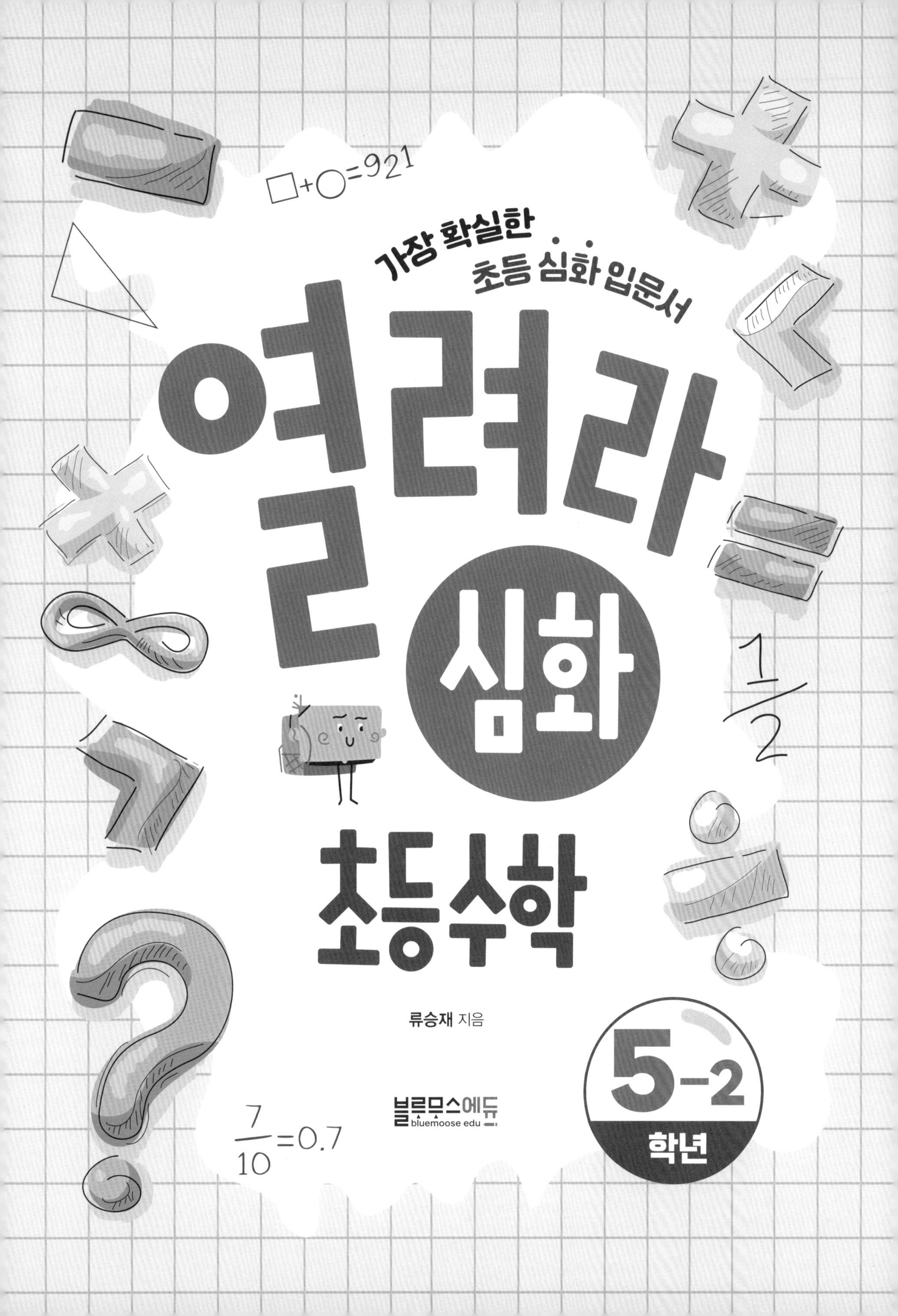
□+○=921
가장 확실한
초등 심화 입문서
열려라 심화
초등수학
류승재 지음
5-2 학년
블루무스에듀
bluemoose edu
7/10=0.7
1/2

누구나 심화 잘할 수 있습니다!
교재를 잘 만난다면 말이죠

이 책은 새로운 개념의 심화 입문교재입니다. 이 책을 다 풀면 교과서와 개념·응용교재에서 배운 개념을 재확인하는 것부터 시작해서 심화까지 한 학기 분량을 총정리하는 효과가 있습니다.

개념·응용교재에서 심화로의 연착륙을 돕도록 구성

시간과 노력을 들여 풀 만한 좋은 문제들로만 구성했습니다. 응용에서 심화로의 연착륙이 수월하도록 난도를 조절하는 한편, 중등 과정과의 연계성 측면에서 의미 있는 문제들만 엄선했습니다. 선행개념은 지금 단계에서 의미 있는 것들만 포함시켰습니다. 애초에 심화의 목적은 어려운 문제를 오랫동안 생각하며 푸는 것이기에 너무 많은 문제를 풀 필요가 없습니다. 또한 응용교재에 비해 지나치게 어려워진 심화교재에 도전하다 포기하거나, 도전하기도 전에 어마어마한 양에 겁부터 집어먹는 수많은 학생들을 봐 왔기에 내용과 양 그리고 난이도를 조절했습니다.

단계별 힌트를 제공하는 답지

이 책의 가장 중요한 특징은 정답과 풀이입니다. 전체 풀이를 보기 전, 최대 3단계까지 힌트를 먼저 주는 방식으로 구성했습니다. 약간의 힌트만으로 문제를 해결함으로써 가급적 스스로 문제를 푸는 경험을 제공하기 위함입니다.

이런 학생들에게 추천합니다

이 책은 응용교재까지 소화한 학생이 처음 하는 심화를 부담없이 진행하도록 구성했습니다. 즉 기본적으로 응용교재까지 소화한 학생이 대상입니다. 하지만 개념교재까지 소화한 후, 응용을 생략하고 심화에 도전하고 싶은 학생에게도 추천합니다. 일주일에 2시간씩 투자하면 한 학기 내에 한 권을 정복할 수 있기 때문입니다.
심화를 해야 하는데 시간이 부족한 학생에게도 추천합니다. 이런 경우 원래는 방대한 심화교재에서 문제를 골라서 풀어야 했는데, 그 대신 이 책을 쓰면 됩니다.
이 책을 사용해 수학 심화의 문을 열면, 수학적 사고력이 생기고 수학에 대한 자신감이 생깁니다. 심화라는 문을 열지 못해 자신이 가진 잠재력을 펼치지 못하는 학생들이 없기를 바라는 마음에 이 책을 썼습니다. 《열려라 심화》로 공부하는 모든 학생들이 수학을 즐길 수 있게 되기를 바랍니다.

류승재

• 차 례 •

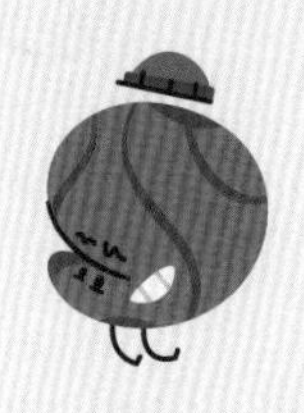

이 책의 구성

들어가기 전 체크

✓ 개념 공부를 한 후 시작하세요
✓ 학교 진도와 맞추어 진행하면 좋아요

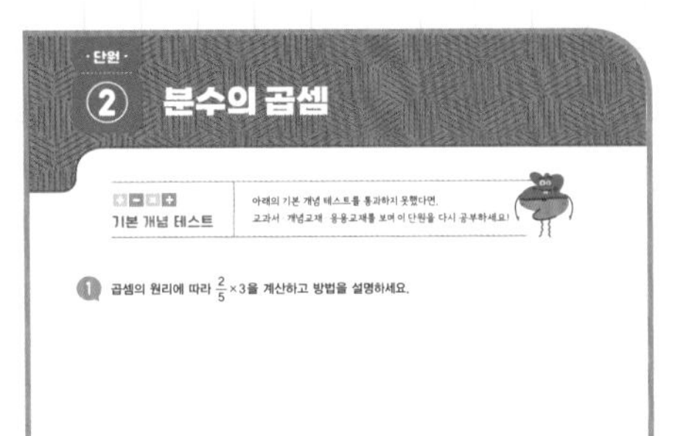

·단원·

② 분수의 곱셈

기본 개념 테스트

아래의 기본 개념 테스트를 통과하지 못했다면,
교과서 · 개념교재 · 응용교재를 보며 이 단원을 다시 공부하세요!

① 곱셈의 원리에 따라 $\frac{2}{5}\times3$을 계산하고 방법을 설명하세요.

② $4\times\frac{1}{3}$을 그림을 그려 계산하고 방법을 설명하세요.

· 기본 개념 테스트

단순히 개념 관련 문제를 푸는 수준에서 그치지 않고, 하단에 넓은 공간을 두어 스스로 개념을 쓰고 정리하게 구성되어 있습니다.

TIP 답이 틀려도 교습자는 정답과 풀이의 답을 알려 주지 않습니다. 교과서와 개념교재를 보고 답을 쓰게 하세요.

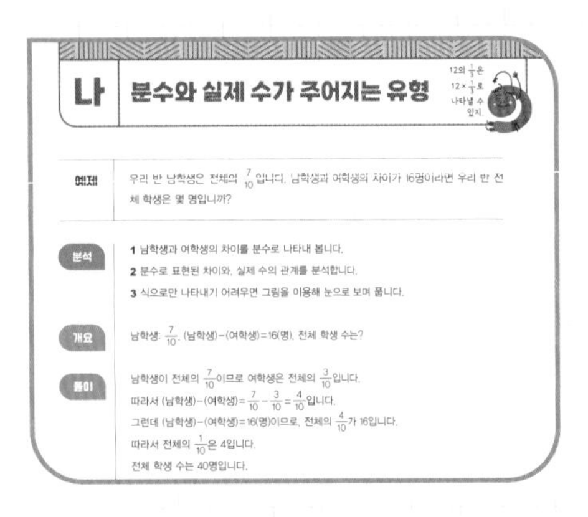

나 분수와 실제 수가 주어지는 유형

예제 우리 반 남학생은 전체의 $\frac{7}{10}$입니다. 남학생과 여학생의 차이가 16명이라면 우리 반 전체 학생은 몇 명입니까?

분석
1 남학생과 여학생의 차이를 분수로 나타내 봅니다.
2 분수로 표현된 차이와, 실제 수의 관계를 분석합니다.
3 식으로만 나타내기 어려우면 그림을 이용해 눈으로 보며 풉니다.

개요 남학생: $\frac{7}{10}$, (남학생)−(여학생)=16(명), 전체 학생 수는?

풀이
남학생이 전체의 $\frac{7}{10}$이므로 여학생은 전체의 $\frac{3}{10}$입니다.
따라서 (남학생)−(여학생)$=\frac{7}{10}-\frac{3}{10}=\frac{4}{10}$입니다.
그런데 (남학생)−(여학생)=16(명)이므로, 전체의 $\frac{4}{10}$가 16입니다.
따라서 전체의 $\frac{1}{10}$은 4입니다.
전체 학생 수는 40명입니다.

· 단원별 심화

가장 자주 나오는 심화개념으로 구성했습니다. 예제는 분석–개요–풀이 3단으로 구성되어, 심화개념의 핵심이 무엇인지 바로 알 수 있게 했습니다.

TIP 시간은 넉넉히 주고, 답지의 단계별 힌트를 참고하여 조금씩 힌트만 주는 방식으로 도와주세요.

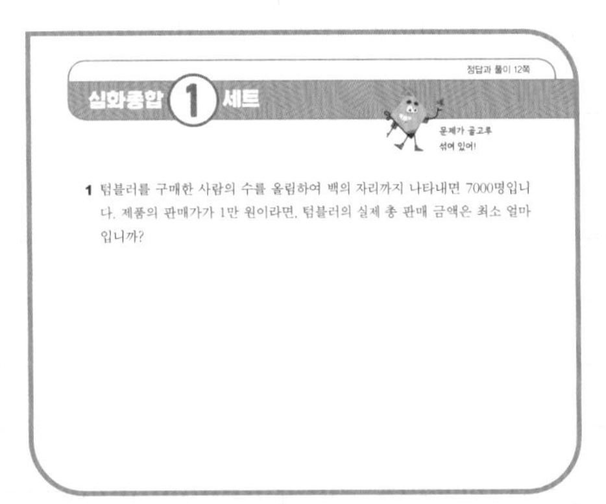

정답과 풀이 12쪽

심화종합 ① 세트

1 텀블러를 구매한 사람의 수를 올림하여 백의 자리까지 나타내면 7000명입니다. 제품의 판매가가 1만 원이라면, 텀블러의 실제 총 판매 금액은 최소 얼마입니까?

· 심화종합

단원별 심화를 푼 후, 모의고사 형식으로 구성된 심화종합 5세트를 풉니다. 앞서 배운 것들을 이리저리 섞어 종합한 문제들로, 뇌를 깨우는 '인터리빙' 방식으로 구성되어 있어요.

TIP 만약 아이가 특정 심화개념이 담긴 문제를 어려워한다면, 스스로 해당 개념이 나오는 단원을 찾아낸 후 이를 복습하게 지도하세요.

· 실력 진단 테스트

한 학기 동안 열심히 공부했으니, 이제 내 실력이 어느 정도인지 확인할 때! 테스트 결과에 따라 무엇을 어떻게 공부해야 하는지 안내해요.

TIP 처음 하는 심화는 원래 어렵습니다. 결과에 연연하기보다는 책을 모두 푼 아이를 칭찬하고 격려해 주세요.

실력 진단 테스트 정답과 풀이 22쪽

45분 동안 다음의 15문제를 풀어 보세요.

1 어떤 수를 올림하여 십의 자리까지 나타내면 80이고, 반올림하여 십의 자리까지 나타내면 70입니다. 어떤 수는 모두 몇 개인지 구하시오.

· 단계별 힌트 방식의 답지

처음부터 끝까지 풀이 과정만 적힌 일반적인 답지가 아니라, 문제를 풀 때 필요한 힌트와 개념을 단계별로 제시합니다.

TIP 1단계부터 차례대로 힌트를 주되, 힌트를 원한다고 무조건 주지 않습니다. 단계별로 1번씩은 다시 생각하라고 돌려보냅니다.

$-30° = 120°$
6. 따라서 ㉠ $= 180° - 120° = 60°$입니다.

가2. 단계별 힌트

1단계	합동인 두 도형은 대응각의 크기가 같습니다.
2단계	직각삼각형의 한 각은 90°입니다.
3단계	각 ㅂㄷㄹ과 각 ㅂㄹㄷ의 크기의 합은 몇 °입니까? 삼각형의 외각ᄀ의 성질을 이용해 봅니다.

합동인 두 삼각형이므로 대응각의 크기가 같습니다.
1. (각 ㅁㄹㄷ)=(각 ㄴㄱㄷ)=30°입니다.
2. 삼각형의 외각의 성질에 따라 (각 ㅂㄷㄹ)+(각 ㅂㄹㄷ)=(각 ㅁㅂㄷ)입니다.
→ (각 ㅂㄷㄹ)+30°=50°
따라서 (각 ㅂㄷㄹ)=50°−30°=20°
3. (각 ㅁㄷㅂ)=(각 ㅁㄷㄹ)−(각 ㅂㄷㄹ)=90°−20°=70°
4. (각 ㄴㄷㅁ)=(각 ㄴㄷㅂ)−(각 ㅁㄷㅂ)=90°−70°=20°

나1. 단계별 힌트

1단계	점 ㅇ을 기준으로 대응점들을 찾아봅니다.
2단계	대응변의 길이는 같다는 사실을 이용해 알 수 있는 길이를 그림에 나타내 봅니다.
3단계	각 대응점부터 대칭의 중심까지의 길이는 같습니다.

대응점을 찾고, 대응변의 길이를 구합니다.
(선분 ㄱㄴ)=(선분 ㅁㄹ)=4(cm),
(선분 ㄴㄷ)=(선분 ㅂㅁ)=8(cm)입니다.

따라서 선분 ㅇㅁ과 선분 ㅇㅂ의 길이가 같습니다.
2. (선분 ㅁㅂ의 길이)=(선분 ㅁㅇ의 길이)+(선분 ㅂㅇ의 길이)이므로 (선분 ㅁㅇ의 길이)×2라고 할 수 있습니다.
3. (선분 ㄴㅁ의 길이)=(선분 ㄹㅂ의 길이)=(선분 ㅁㅇ의 길이)×2이고, 이는 선분 ㅁㅂ의 길이와 같습니다.
즉 (선분 ㄴㅁ의 길이)=(선분 ㅁㅂ의 길이)=(선분 ㄹㅂ의 길이)
4. 삼각형 ㄴㄷㄹ의 넓이는 $20×12÷2=120(cm^2)$입니다.
5. 삼각형 ㄴㄷㅂ은 삼각형 ㄴㄷㄹ와 높이가 같고, 밑변의 길이가 선분 ㄴㄹ의 $\frac{2}{3}$(선분 ㄴㅂ)입니다.
따라서 (삼각형 ㄴㄷㅂ의 넓이)=(삼각형 ㄴㄷㄹ의 넓이)×$\frac{2}{3}$
$=120×\frac{2}{3}=80(cm^2)$

다1. 단계별 힌트

1단계	예제 풀이를 복습합니다.
2단계	접히기 전 부분과 접힌 부분이 똑같은 모양의 선대칭도형이라는 사실을 이용합니다.
3단계	도형에 대응각과 대응변을 모두 표시해 봅니다.

1. 접은 부분과 접힌 부분은 모양이 똑같으므로 (각 ㄹㅁㄷ)=(각 ㅂㅁㄷ)
→ (각 ㄱㅁㅂ)=180°−(65°+65°)=50°
2. 사각형 ㄱㄴㄷㄹ이 정사각형이므로, 삼각형 ㅁㄷㄹ에서 각 ㅁㄹㄷ는 직각입니다.
→ (각 ㅁㄷㄹ)=180°−90°−65°=25°
또한 삼각형 ㄷㅁㅂ과 삼각형 ㄷㅁㄹ은 서로 모양이 같으므로 (각 ㅁㄷㄹ)=(각 ㅁㄷㅂ)=25°
3. (각 ㅂㄷㄴ)=(각 ㄹㄷㄴ)−(각 ㄹㄷㅁ)−(각 ㅁㄷㅂ)이므로

이 순서대로 공부하세요

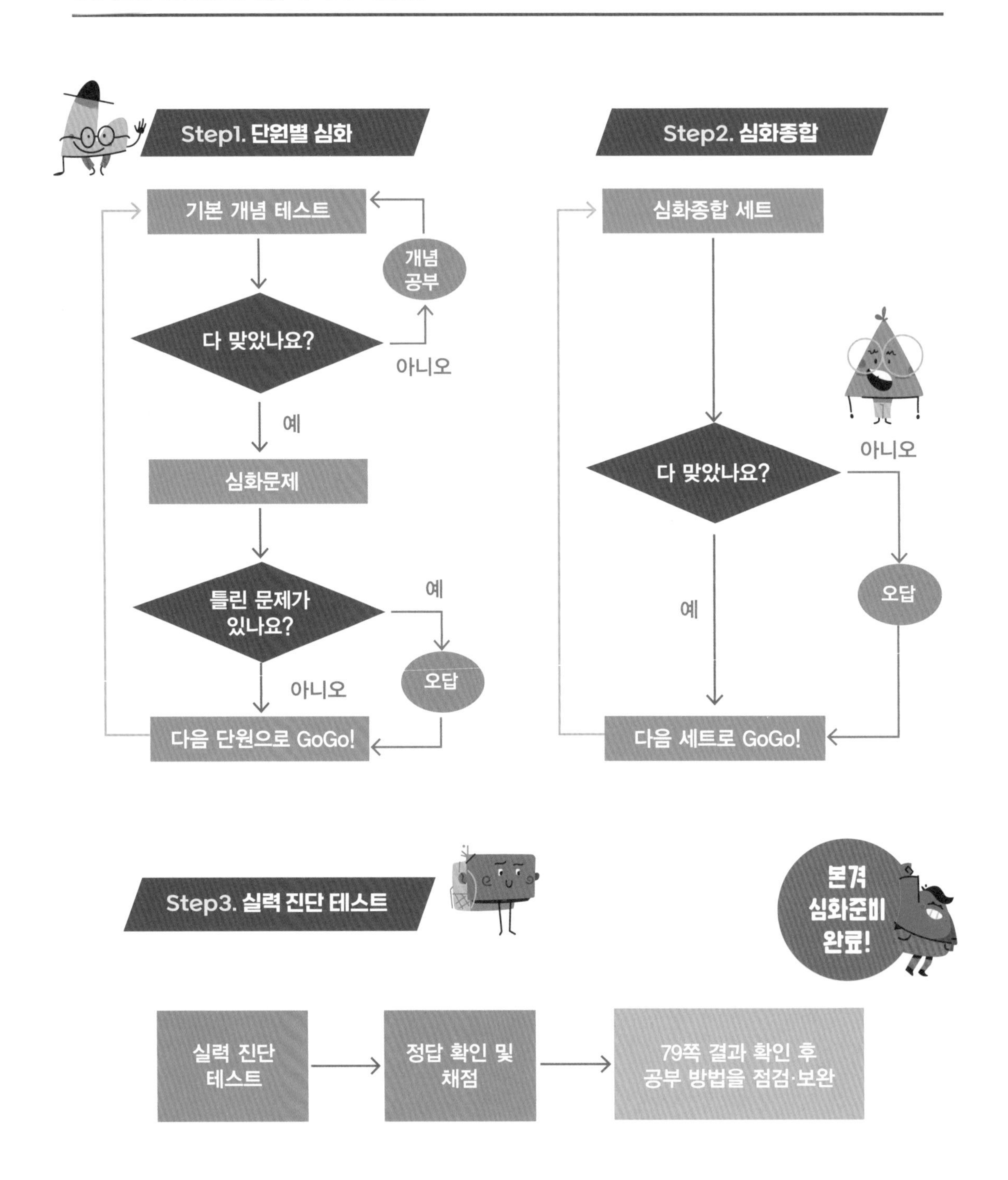

Step1. 단원별 심화
기본 개념 테스트
다 맞았나요?
아니오
개념 공부
예
심화문제
틀린 문제가 있나요?
예
오답
아니오
다음 단원으로 GoGo!
Step2. 심화종합
심화종합 세트
다 맞았나요?
아니오
오답
예
다음 세트로 GoGo!
Step3. 실력 진단 테스트
본격 심화준비 완료!
실력 진단 테스트
정답 확인 및 채점
79쪽 결과 확인 후 공부 방법을 점검·보완

단원별 심화

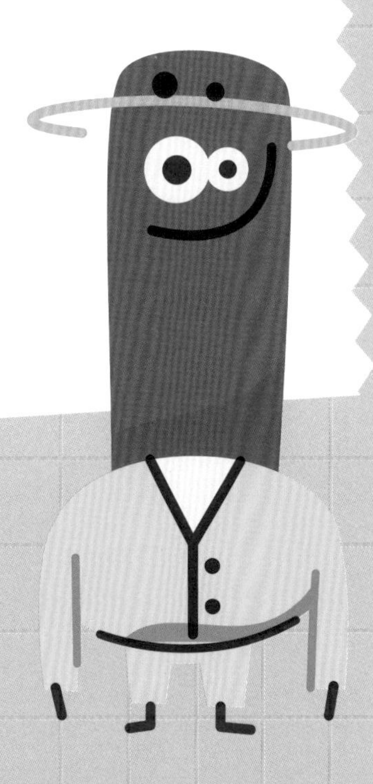

·단원·

① 수의 범위와 어림하기

기본 개념 테스트

아래의 기본 개념 테스트를 통과하지 못했다면,
교과서·개념교재·응용교재를 보며 이 단원을 다시 공부하세요!

1 이상과 이하가 무엇인가요? 수직선을 그려 설명하세요.

2 초과와 미만이 무엇인가요? 수직선을 그려 설명하세요.

3 30 이상 34 미만인 수를 수직선에 나타내세요.

정답과 풀이 02쪽

4 746을 십의 자리까지 나타내기 위해 올림과 버림을 어떻게 하는지 설명하세요.

5 746을 백의 자리까지 나타내기 위해 올림과 버림을 어떻게 하는지 설명하세요.

6 4652를 반올림하세요.

1) 십의 자리까지 나타내기 위해 반올림하세요.

2) 백의 자리까지 나타내기 위해 반올림하세요.

3) 1)과 2)가 어떻게 다른지 비교해 설명하세요.

가 어림의 활용: 부등식 이용하기

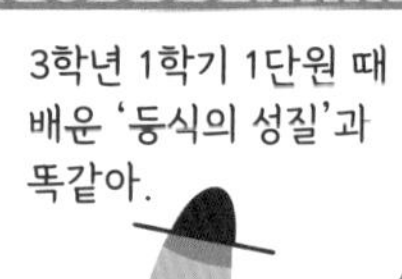

△<□<○일 때,

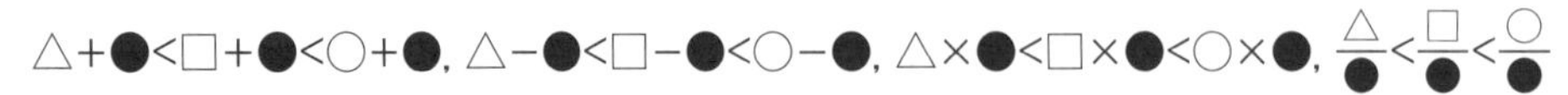

△+●<□+●<○+●, △−●<□−●<○−●, △×●<□×●<○×●, $\frac{△}{●}<\frac{□}{●}<\frac{○}{●}$

(단, ●는 0이 아닌 수)

또한 △<□<○, ▲<■<●일 때,

△+▲<□+■<○+●

예제 어떤 자연수에 5를 곱하고, 100을 더한 다음, 버림하여 백의 자리까지 나타내니 3300이 되었습니다. 어떤 수 중 가장 큰 수를 구하시오.

분석

1 버림하여 백의 자리까지 나타냈다는 것은 십의 자리를 버림했다는 뜻이니 십의 자리를 기준으로 생각해 봅니다.

2 버림으로 나타낼 수 있는 수를 이상과 초과, 이하와 미만 개념을 이용해 써 봅니다.

3 어떤 자연수를 □로 놓고 식을 세워 봅니다.

4 부등식의 성질을 이용합니다.

풀이

어떤 자연수를 □라 놓아 봅니다.

어떤 자연수에 5를 곱한 후 100을 더한 수는 5×□+100입니다.

버림하여 백의 자리까지 나타냈다는 것은 십의 자리에서 버림했다는 뜻입니다.

십의 자리에서 버림하여 3300이 되는 수는 3300~3399입니다.

즉 3300 이상 3399 이하입니다. 이를 부등식으로 쓰면 다음과 같습니다.

3300≤5×□+100≤3399

그런데 어떤 수에 5를 곱했으므로 어떤 수를 구하려면 5로 나누어야 합니다. 따라서 부등식의 수를 5의 배수로 만들기 위해 3300 이상 3400 미만으로 봅니다.

$3300 \le 5 \times \square + 100 < 3400$

부등식에서 100을 빼면 $3200 \le 5 \times \square < 3300$입니다.

부등식을 5로 나누면 $640 \le \square < 660$입니다.

□에 들어갈 수 있는 수는 640 이상 660 미만입니다.

따라서 □에 들어갈 수 있는 가장 큰 자연수는 659입니다.

가 1 어떤 자연수에 5를 곱한 후, 100을 더한 수를 올림하여 백의 자리까지 나타내니 3300이 되었습니다. 어떤 자연수 중 가장 작은 자연수를 구하시오.

가 2 어떤 자연수에 5를 곱한 후, 100을 더한 수를 반올림하여 백의 자리까지 나타내니 3300이 되었습니다. 어떤 자연수 중 가장 큰 자연수를 구하시오.

· 단원 ·

② 분수의 곱셈

기본 개념 테스트

아래의 기본 개념 테스트를 통과하지 못했다면,
교과서 · 개념교재 · 응용교재를 보며 이 단원을 다시 공부하세요!

1 곱셈의 원리에 따라 $\frac{2}{5} \times 3$을 계산하고 방법을 설명하세요.

2 $4 \times \frac{1}{3}$을 그림을 그려 계산하고 방법을 설명하세요.

영역 : **수와 연산**

정답과 풀이 02쪽

3 $\frac{1}{3}\times\frac{1}{5}$을 그림을 그려 계산하고 방법을 설명하세요.

4 (대분수)×(대분수)는 어떤 방법으로 계산할 수 있습니까? 예를 들어 설명하세요.

가 수직선에서 등분한 위치가 나타내는 분수 구하기

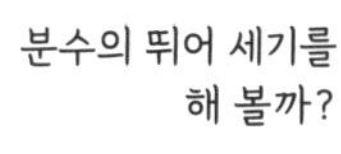

예제

수직선에서 두 수 사이의 거리를 어떻게 구하더라?

수직선에서 $2\frac{1}{4}$과 $4\frac{7}{12}$ 사이를 4등분했습니다. □ 안에 알맞은 수를 구하시오.

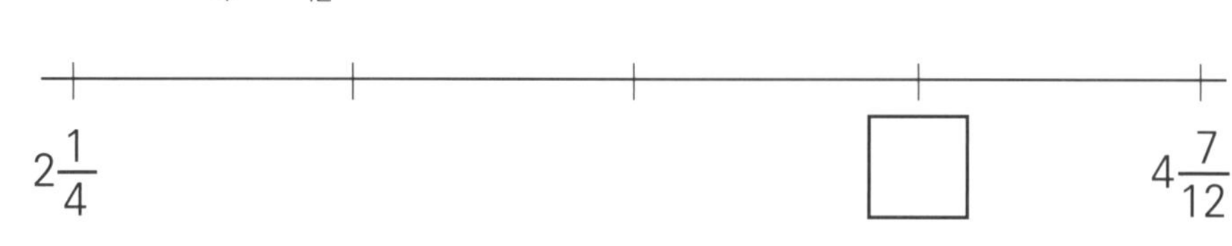

분석

1 $2\frac{1}{4}$과 $4\frac{7}{12}$ 사이의 거리를 구합니다.

2 4등분된 1칸의 거리를 구한 다음, 4등분된 3칸의 거리를 구합니다.

3 $2\frac{1}{4}$에서 4등분된 3칸의 거리만큼 더 가면 □에 들어갈 수가 나옵니다.

개요

$2\frac{1}{4}$과 $4\frac{7}{12}$ 사이를 4등분했을 때, 세 번째 칸인 □의 값은?

풀이

$2\frac{1}{4}$과 $4\frac{7}{12}$ 사이의 거리는 큰 수에서 작은 수를 빼서 구합니다.

뺄셈을 하기 위해 분모를 같게 만듭니다.

$4\frac{7}{12}-2\frac{1}{4}=4\frac{7}{12}-2\frac{3}{12}=2\frac{4}{12}=\frac{28}{12}$

4등분된 1칸의 거리는 $\frac{28}{12}\times\frac{1}{4}=\frac{7}{12}$입니다.

4등분된 3칸의 거리는 $\frac{7}{12}\times3=\frac{7}{4}=1\frac{3}{4}$입니다.

□를 구하기 위해 $2\frac{1}{4}$에 4등분된 3칸의 거리를 더합니다.

$2\frac{1}{4}+1\frac{3}{4}=3\frac{4}{4}=4$

가 1 수직선에서 $2\frac{2}{5}$와 $3\frac{1}{3}$ 사이를 7등분했습니다. □ 안에 들어갈 알맞은 수를 구하시오.

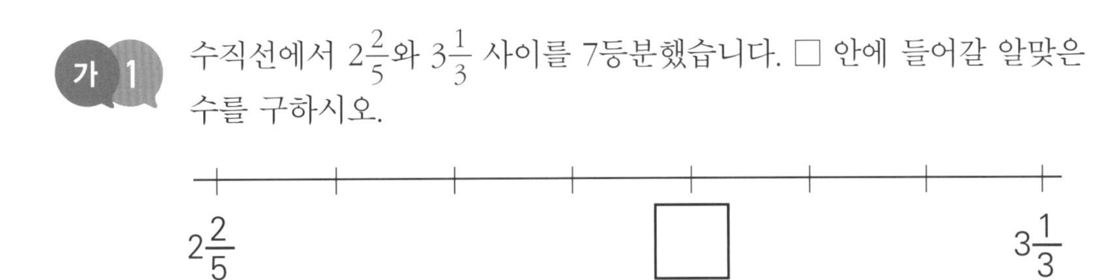

가 2 시헌이는 저녁에 짜장면과 초밥을 포장해 오려고 합니다. 집에서 중국집까지의 거리가 $1\frac{1}{5}$km이고, 중국집에서 정육점까지의 거리가 $1\frac{7}{15}$km입니다. 초밥집은 집에서 중국집을 지나 정육점까지의 거리의 $\frac{7}{8}$에 위치합니다. 시헌이가 중국집에서 출발해 초밥집으로 가려면 몇 km를 걸어야 합니까? (단, 집과 모든 가게는 일직선 위에 있습니다.)

나 분수와 실제 수가 주어지는 유형

예제 우리 반 남학생은 전체의 $\frac{7}{10}$입니다. 남학생과 여학생의 차이가 16명이라면 우리 반 전체 학생은 몇 명입니까?

분석

1 남학생과 여학생의 차이를 분수로 나타내 봅니다.

2 분수로 표현된 차이와, 실제 수의 관계를 분석합니다.

3 식으로만 나타내기 어려우면 그림을 이용해 눈으로 보며 풉니다.

개요

남학생: $\frac{7}{10}$, (남학생)−(여학생)=16(명), 전체 학생 수는?

풀이

남학생이 전체의 $\frac{7}{10}$이므로 여학생은 전체의 $\frac{3}{10}$입니다.

따라서 (남학생)−(여학생)$=\frac{7}{10}-\frac{3}{10}=\frac{4}{10}$입니다.

그런데 (남학생)−(여학생)=16(명)이므로, 전체의 $\frac{4}{10}$가 16입니다.

따라서 전체의 $\frac{1}{10}$은 4입니다.

전체 학생 수는 40명입니다.

팁

식을 세워 문제를 해결하기 어렵다면 그림을 활용합니다.

1 분모가 10이므로 우리 반 전체 학생을 막대 10칸으로 나타냅니다.

2 남학생은 $\frac{7}{10}$이므로 막대 7칸, 여학생은 $\frac{3}{10}$이므로 막대 3칸입니다.

3 남학생과 여학생의 차이는 $\frac{7}{10}-\frac{3}{10}=\frac{4}{10}$입니다. 즉 막대 4칸입니다.

4 남학생과 여학생의 차이는 16명인데, 이것이 $\frac{4}{10}$입니다. 즉 막대 4칸이 16명이므로 막대 1칸은 4명입니다.

4	4	4	4	4	4	4	4	4	4

막대 10칸, 즉 전체 학생의 수는 40명입니다.

나 1 우리 반 남학생은 전체의 $\frac{2}{5}$입니다. 남학생과 여학생의 차이가 10명이라면 우리 반 전체 학생은 몇 명입니까?

나 2 서윤이네 학교 5학년 학생의 $\frac{5}{8}$가 동물원에 갔습니다. 그 중에서 $\frac{3}{4}$은 자가용을 타고 갔고, 나머지는 버스를 타고 갔습니다. 버스를 타고 간 학생이 40명일 때, 서윤이네 학교 5학년 전체 학생은 몇 명일까요?

다 시간과 거리 문제를 분수를 이용해서 풀기

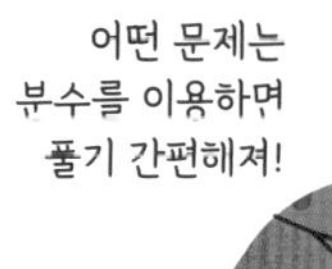

예제 2시간 15분 동안 900km를 비행하는 비행기가 1시간 12분 동안 비행하는 거리를 구하시오. (단, 비행기의 빠르기는 일정합니다.)

분석

1 분 단위를 시 단위로 고쳐 생각합니다. (1분은 $\frac{1}{60}$시간, 15분은 $\frac{1}{4}$시간)

2 1시간 동안 비행하는 거리를 구하기 위해 2시간 15분 동안 가는 거리를 이용합니다.

3 식으로만 나타내기 어려우면 그림을 이용해 눈으로 보며 풉니다.

개요

2시간 15분 동안 900km 비행한다면, 같은 빠르기로 1시간 12분 동안 가는 거리는?

풀이

2시간 15분은 $2\frac{1}{4}=\frac{9}{4}$(시간)입니다.

$\frac{9}{4}$시간 동안 900km를 비행하므로 $\frac{1}{4}$시간 동안 100km를 비행합니다.

따라서 1시간 동안 400km를 비행합니다.

한편 1시간 12분은 $1\frac{1}{5}=\frac{6}{5}$(시간)입니다.

따라서 $\frac{6}{5}$시간 동안 비행하는 거리는 $400\times\frac{6}{5}=480$(km)입니다.

팁

식을 세워 문제를 해결하기 어렵다면 그림을 활용합니다.

1 $2\frac{1}{4}$시간을 막대로 나타냅니다. (분모가 4이므로 4칸, 1칸당 $\frac{1}{4}$시간)

9칸에 900km를 비행하므로 1칸($\frac{1}{4}$시간)에 100km를 비행합니다.

100	100	100	100	100	100	100	100	100			

따라서 1시간에 400km를 비행합니다.

2 $1\frac{1}{5}$시간을 막대로 나타냅니다. (분모가 5이므로 5칸, 1칸은 $\frac{1}{5}$시간)

5칸에 400km를 비행하므로 1칸($\frac{1}{5}$시간)에 80km를 비행합니다.

80	80	80	80	80	80				

따라서 1시간 12분(6칸)에 480km를 비행합니다.

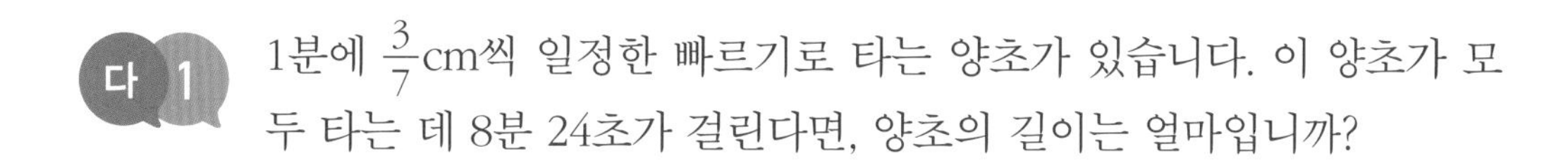

다 1 1분에 $\frac{3}{7}$cm씩 일정한 빠르기로 타는 양초가 있습니다. 이 양초가 모두 타는 데 8분 24초가 걸린다면, 양초의 길이는 얼마입니까?

다 2 1시간 12분 동안 120km를 달리는 기차가 2시간 45분 동안 달리는 거리를 구하시오. (단, 기차의 빠르기는 일정합니다.)

라 분자를 똑같이 만들고 그림을 이용하는 유형

분모가 달라서
비교가 힘들면,
분자를 똑같이
만들어 버려!

예제 우리 학교 학생은 600명입니다. 남학생의 $\frac{2}{7}$와 여학생의 $\frac{1}{4}$이 같다면, 남학생은 몇 명입니까?

분석

1 남학생의 $\frac{2}{7}$와 여학생의 $\frac{1}{4}$이 같습니다. 분모가 달라서 비교가 힘듭니다.

2 따라서 분자의 숫자를 같게 만들고, 그림을 그려 비교해 봅니다. 그림 한 칸의 크기를 같게 만들었기 때문에 각각의 전체 크기를 구할 수 있습니다.

개요

(남학생의 $\frac{2}{7}$)=(여학생의 $\frac{1}{4}$), 전체 학생 600명, 남학생은 몇 명?

풀이

1 분자부터 통일합니다. 남학생의 $\frac{2}{7}$와 분자를 같게 만들기 위해, 여학생의 분수를 고칩니다. $\frac{1}{4}=\frac{2}{8}$입니다.

2 그림으로 그려 봅니다.

남학생은 분모가 7이므로 7칸, 여학생은 분모가 8이므로 8칸입니다.

따라서 전체 학생은 15칸입니다.

남학생

여학생

$\frac{2}{7}$와 $\frac{2}{8}$가 같기 때문에 1칸의 크기는 모두 같습니다.

3 전체 학생은 15칸이고 600명입니다. 따라서 1칸의 크기는 $600 \div 15=40$(명)입니다.

4 따라서 남학생(7칸)은 $40 \times 7=280$(명), 여학생(8칸)은 $40 \times 8=320$(명)입니다.

팁

분자를 같게 만들고 전체 칸의 크기를 알게 됐다면 분수의 곱셈을 이용합니다.

전체 학생은 15칸이므로 남학생은 전체 인원의 $\frac{7}{15}$입니다.

따라서 (남학생의 수)$=600 \times \frac{7}{15}=280$(명)

한편 여학생은 전체 인원의 $\frac{8}{15}$입니다. 따라서 (여학생의 수)$=600 \times \frac{8}{15}=320$(명)

정답과 풀이 07쪽

라 1 재영이네 학교 학생 수는 660명입니다. 남학생 수의 $\frac{3}{7}$과 여학생 수의 $\frac{1}{5}$이 같다면, 남학생은 몇 명입니까?

라 2 어떤 욕조에 물이 가득 담겨 있습니다. 연수는 욕조의 깊이를 재기 위해, 길이가 15cm만큼 차이 나는 2개의 막대를 수면과 수직이 되도록 물속에 넣었습니다. 긴 막대는 $\frac{2}{3}$만큼 물속에 들어갔고, 짧은 막대는 $\frac{5}{6}$만큼 물속에 들어갔습니다. 욕조의 깊이와 긴 막대, 짧은 막대의 길이를 각각 구하시오.

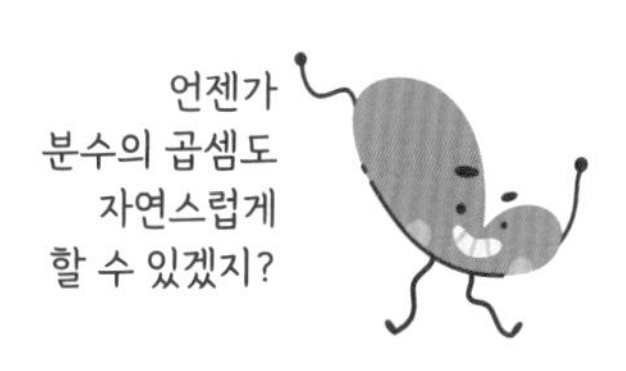

· 단원 ·

③ 합동과 대칭

기본 개념 테스트

아래의 기본 개념 테스트를 통과하지 못했다면,
교과서 · 개념교재 · 응용교재를 보며 이 단원을 다시 공부하세요!

1 도형의 합동이 무엇인지 설명하세요.

2 합동인 두 도형의 대응점, 대응각, 대응변의 각각의 의미와 성질을 설명하세요.

정답과 풀이 03쪽

3 선대칭도형을 대칭축을 이용하여 직접 그리고 설명하세요.

4 점대칭도형을 대칭의 중심을 이용하여 직접 그리고 설명하세요.

가 합동인 도형의 성질 응용

합동이란
완전히 똑같다는
뜻이야.

예제 삼각형 ㄱㄴㄷ과 삼각형 ㄹㄷㄴ이 합동일 때, 각 ㉠은 몇 도입니까?

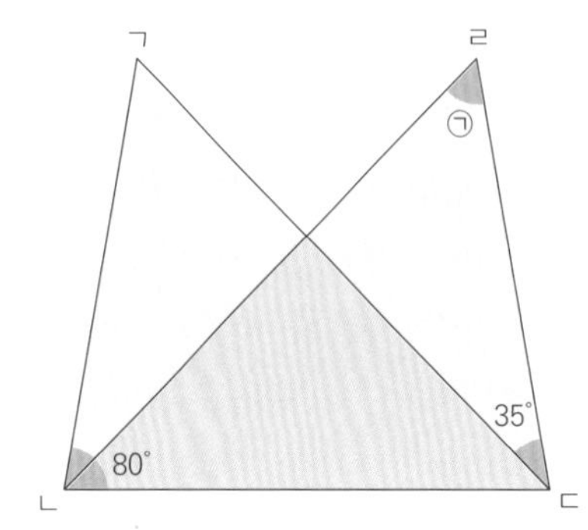

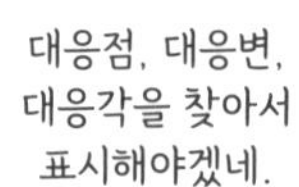

분석

1 두 도형이 합동이면 대응변의 길이와 대응각의 크기가 같습니다.

2 대응각을 찾아봅니다. 삼각형 ㄱㄴㄷ의 각 ㄱㄴㄷ, 삼각형 ㄹㄷㄴ의 각 ㄹㄷㄴ이 서로 대응합니다.

풀이

1 각 ㄱㄴㄷ과 각 ㄹㄷㄴ은 대응각이므로 서로 크기가 같습니다.

즉 (각 ㄱㄴㄷ)=(각 ㄹㄷㄴ)=80°

2 각 ㄱㄷㄴ의 크기는 각 ㄹㄷㄴ에서 각 ㄹㄷㄱ을 뺀 것과 같습니다.

따라서 (각 ㄱㄷㄴ)=(각 ㄹㄷㄴ)−(각 ㄹㄷㄱ)=80°−35°=45°

3 각 ㄱㄷㄴ과 각 ㄹㄴㄷ은 서로 대응각입니다.

따라서 (각 ㄹㄴㄷ)=(각 ㄱㄷㄴ)=45°

4 삼각형 ㄹㄷㄴ의 세 내각은 각 ㄹㄴㄷ, 각 ㄹㄷㄴ, ㉠입니다.

따라서 (각 ㄹㄴㄷ)+(각 ㄹㄷㄴ)+㉠=180°

→ 45°+80°+㉠=180°

따라서 ㉠=55°입니다.

정답과 풀이 08쪽

가 1 서로 합동인 두 정사각형을 다음 그림과 같이 겹쳐서 그렸습니다. 각 ㉠은 몇 도입니까?

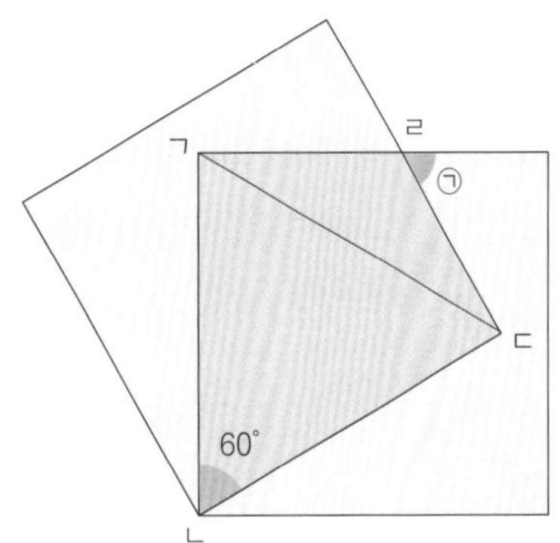

가 2 직각삼각형 ㄱㄴㄷ과 직각삼각형 ㄹㅁㄷ이 합동입니다. 각 ㄴㄷㅁ은 몇 도입니까?

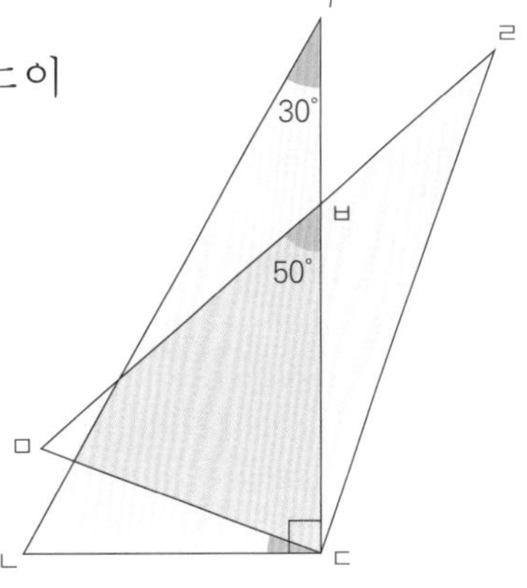

각 점들의 '짝꿍'을 찾아 줘.

나 선대칭도형과 점대칭도형의 성질 응용

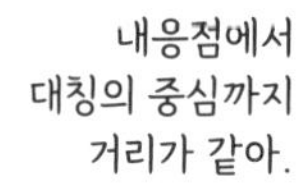

예제

점 ㅇ이
도형 위에 있어도
당황하지 말고
그려 봐!

점 ㅇ을 대칭의 중심으로 하는 점대칭도형을 그리려 합니다. 완성된 점대칭도형의 둘레의 길이를 구하시오.

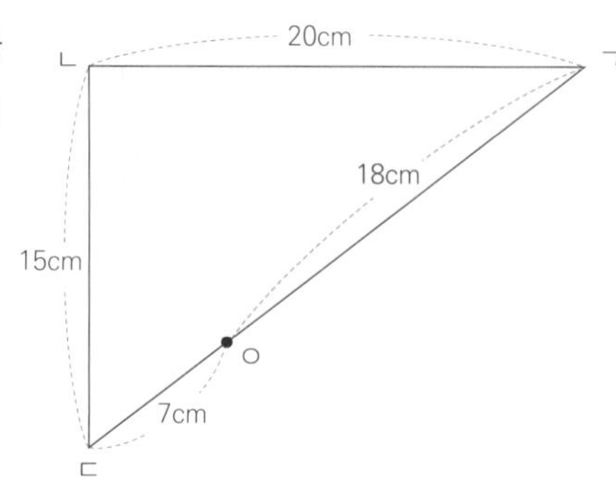

분석

1 점대칭도형을 완성하고 그 둘레를 구하는 문제입니다.

2 점 ㅇ을 대칭의 중심으로 하는 삼각형 ㄱㄴㄷ의 점대칭도형을 그려 봅니다.

3 점대칭도형을 완성한 후 각 변의 길이를 생각해 봅니다.

4 대응점에서 대칭의 중심까지의 거리를 이용해 대응변이 맞닿는 부분의 길이를 구합니다.

풀이

점 ㅇ을 중심으로 점대칭도형을 그리면 다음과 같습니다.

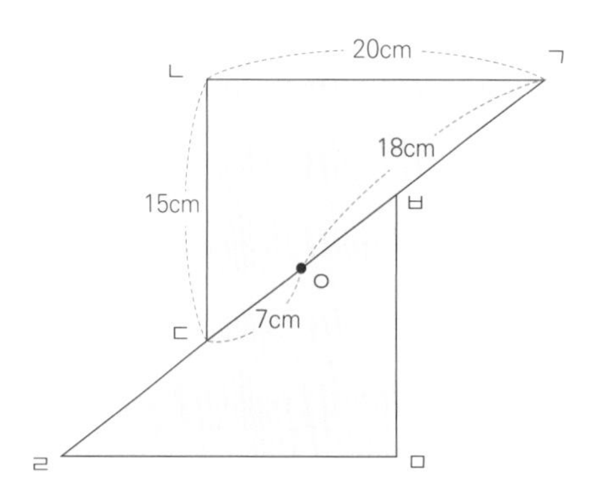

도형의 전체 둘레의 길이는 (선분 ㄱㄴ)+(선분 ㄹㅁ)+(선분 ㄴㄷ)+(선분 ㅂㅁ)+(선분 ㄷㄹ)+(선분 ㅂㄱ)입니다.

선분 ㄱㄴ과 선분 ㄹㅁ은 서로 대응변으로 둘 다 20cm입니다.

선분 ㄴㄷ과 선분 ㅂㅁ은 서로 대응변으로 둘 다 15cm입니다.

한편 각각의 대응점에서 대칭의 중심인 점 ㅇ까지의 거리는 같습니다. 따라서 선분 ㅇㅂ은 선분 ㅇㄷ과 같은 7cm입니다. 선분 ㄱㅇ이 18cm이므로, 선분 ㅂㄱ의 길이는 선분 ㄱㅇ의 길이인 18cm에서 선분 ㅇㅂ의 길이인 7cm를 뺀 11cm입니다. 같은 방법으로 선분 ㄷㄹ의 길이도 11cm임을 알 수 있습니다.

따라서 점대칭도형의 둘레의 길이는 20+20+15+15+11+11=92(cm)

나 1 다음은 점 ㅇ을 대칭의 중심으로 하는 점대칭도형입니다. 도형 ㄱㄴㄷㄹㅁㅂ의 둘레의 길이는 몇 cm입니까?

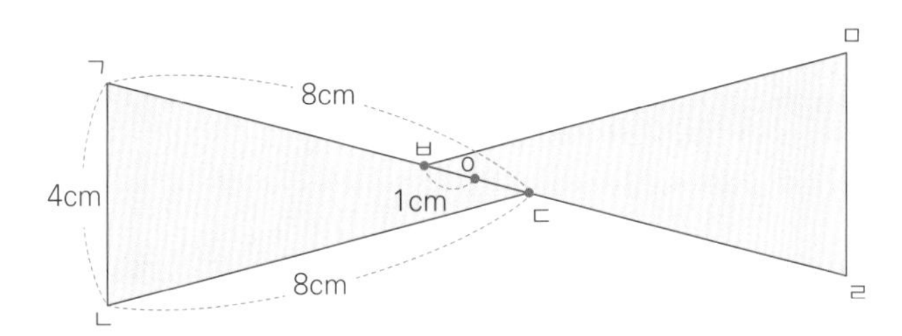

나 2 다음은 점 ㅇ을 대칭의 중심으로 하는 점대칭도형이며, 선분 ㄴㅁ의 길이가 선분 ㅁㅇ 길이의 2배입니다. 색칠한 부분의 넓이를 구하시오.

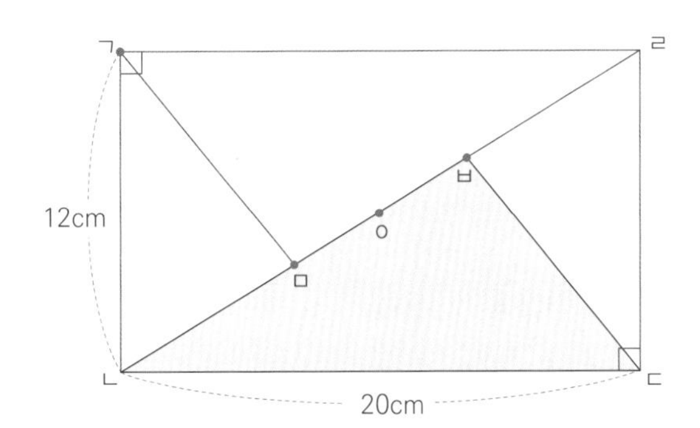

다 종이접기 문제

예제

접은 선을 기준으로 모양을 생각해!

정사각형 모양의 종이를 다음 그림과 같이 접었습니다. 각 ㄴㅂㅁ의 크기를 구하시오.

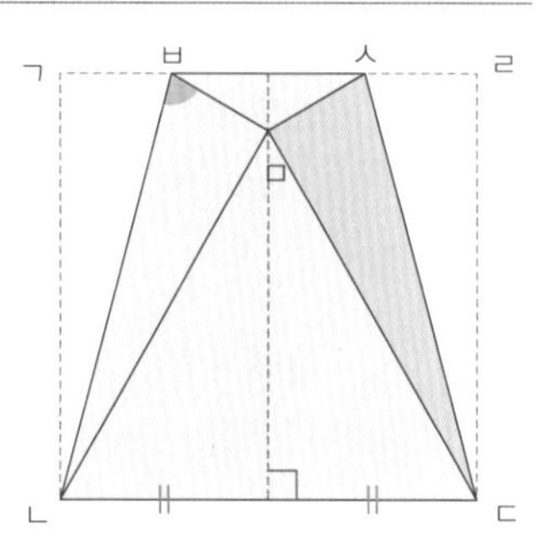

분석

1 접히기 전 부분과 접힌 부분이 똑같은 모양, 즉 합동입니다.

2 접히기 전 부분과 접힌 부분은 접은 선을 기준으로 한 선대칭도형이기도 합니다.

3 정사각형 모양의 종이를 접어서 만든 삼각형 ㅁㄴㄷ은 변의 길이가 모두 같습니다. 그렇다면 정삼각형입니다. 이 성질을 이용해 봅니다.

풀이

1 도형을 접었을 때, 접은 선을 기준으로 한 선대칭도형이 생깁니다. 선대칭도형은 대응변의 길이가 서로 같습니다. 따라서 변 ㅁㄴ의 길이는 변 ㄱㄴ의 길이와 같고, 변 ㅁㄷ의 길이는 변 ㄹㄷ의 길이와 같습니다.

2 그런데 정사각형 ㄱㄴㄷㄹ은 네 변의 길이가 같으므로 변 ㄱㄴ과 변 ㄴㄷ의 길이가 같습니다. 따라서 변 ㄱㄴ, 변 ㅁㄴ, 변 ㄴㄷ, 변 ㅁㄷ의 길이가 모두 같습니다.

3 (변 ㅁㄴ)=(변ㄴㄷ)=(변 ㅁㄷ)이므로, 삼각형 ㅁㄴㄷ은 정삼각형입니다.

따라서 (각 ㅁㄴㄷ)=60°, (각 ㄱㄴㅁ)=30°

4 변 ㅂㄴ을 대칭축으로 종이를 접었으므로 삼각형 ㄱㄴㅂ과 삼각형 ㅁㄴㅂ은 선대칭도형입니다.

따라서 (각 ㄱㄴㅂ)=(각 ㅁㄴㅂ), (각 ㄱㄴㅂ)+(각 ㅁㄴㅂ)=30°

→ (각 ㄱㄴㅂ)=(각 ㅁㄴㅂ)=15°입니다.

한편 (각 ㄴㄱㅂ)=(각 ㄴㅁㅂ)=90°

5 삼각형의 세 각의 크기의 합은 180°이므로, 삼각형 ㅁㄴㅂ에서

(각 ㅁㄴㅂ)+(각 ㄴㅁㅂ)+(각 ㄴㅂㅁ)=180°

→ 15°+90°+(각 ㄴㅂㅁ)=180°

→ 105°+(각 ㄴㅂㅁ)=180°

→ (각 ㄴㅂㅁ)=75°

다 1 정사각형 ㄱㄴㄷㄹ을 다음과 같이 선분 ㅁㄷ으로 접었습니다. 각 ㄱㅁㅂ과 각 ㅂㄴㄷ의 크기의 합을 구하시오.

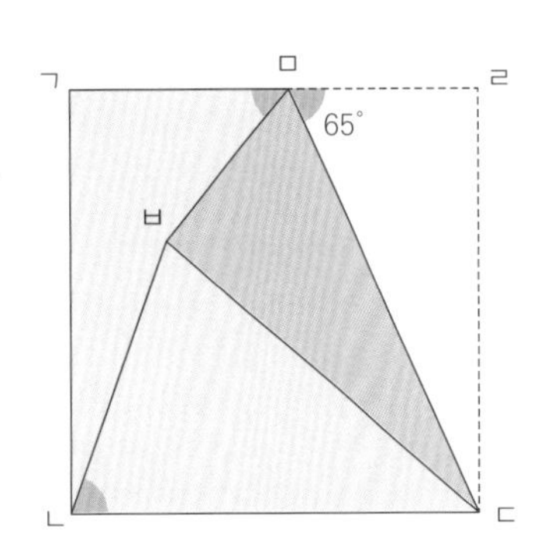

다 2 다음 그림은 직사각형 ㄱㄴㄷㄹ을 대각선 ㄱㄷ으로 접은 것입니다. 삼각형 ㅂㅁㄷ의 넓이를 구하시오.

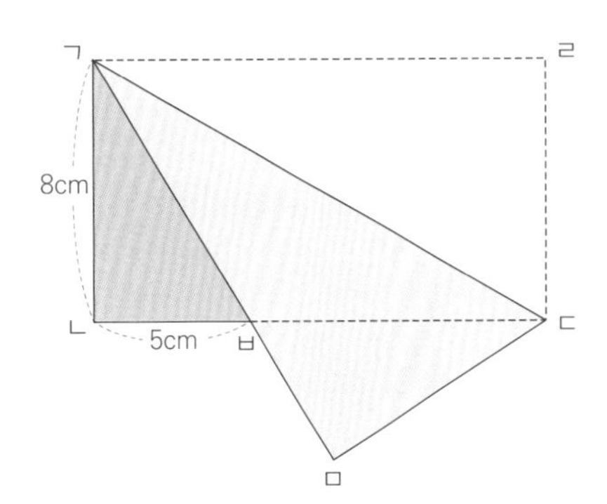

· 단원 ·

④ 소수의 곱셈

기본 개념 테스트

아래의 기본 개념 테스트를 통과하지 못했다면,
교과서 · 개념교재 · 응용교재를 보며 이 단원을 다시 공부하세요!

1 (소수) × (자연수)를 분수의 곱셈을 이용하여 계산하는 방법을 예를 들어 설명하세요.

2 (자연수) × (소수)를 자연수의 곱셈을 이용하여 계산하는 방법을 예를 들어 설명하세요.

정답과 풀이 04쪽

3 **(소수)×(소수)를 세로셈을 이용하여 계산하는 방법을 예를 들어 설명하세요.**

4 **소수의 곱셈에서 소수점의 위치가 어떻게 달라지는지 예를 들어 설명하세요.**

1) 소수에 10, 100, 1000을 곱하는 경우

2) 자연수에 0.1, 0.01, 0.001을 곱하는 경우

3) 소수끼리 곱하는 경우

수의 끝에 위치한 0의 개수 구하기

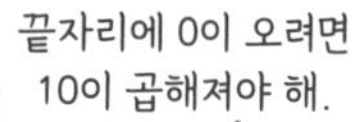

예제 0.01×0.02×0.03×···×0.98×0.99를 계산하면 소수 몇 자리 수가 됩니까?

분석

1 0.01×0.02×0.03×···×0.98×0.99는 1×2×3×4×···×98×99를 이용해 계산합니다.

2 어떤 수를 곱했을 때, 끝자리 0개의 개수는 곱해진 10의 개수가 결정합니다.

3 곱해진 10의 개수는 곱해진 5의 개수가 결정합니다.

4 따라서 1×2×3×4×···×98×99안에 들어 있는 5의 개수를 구한 다음, 소수 몇 자리 수인지 계산합니다.

5 소수 두 자리 수를 99개 곱하면 소수의 자리 수는 2×99=198(자리)입니다.

개요 끝자리부터 연속한 0의 개수는 22개이므로, 198−22=176이므로 소수 176자리 수가 됩니다.

풀이

1 자연수의 곱을 이용해 계산합니다. 1×2×3×4×···×98×99를 계산해 봅니다.

2 끝자리에 나오는 0의 개수는 곱해진 10의 개수가 결정합니다.

3 10=2×5이므로 10의 개수는 2와 5의 개수가 결정합니다. 그런데 2는 짝수마다 들어 있고 5는 5의 배수에만 들어 있으므로 5의 개수가 2의 개수보다 더 적습니다. 따라서 10의 개수는 5의 개수가 결정합니다. 5가 곱해진 횟수가 곧 10이 곱해진 횟수입니다.

4 1×2×3×4×···×98×99 속 5의 배수를 살펴보면 다음과 같습니다.

5=**5**×1	10=**5**×2	15=**5**×3	20=**5**×4	25=**5**×**5**
30=**5**×6	35=**5**×7	40=**5**×8	45=**5**×9	50=5×10=**5**×**5**×2
55=**5**×11	60=**5**×12	65=**5**×13	70=**5**×14	75=5×15=**5**×**5**×3
80=**5**×16	85=**5**×17	90=**5**×18	95=**5**×19	

곱해진 5의 개수가 22개이므로, 곱해진 10의 개수도 22개입니다. 따라서 끝자리에 연속으로 등장하는 0의 개수는 22개입니다.

5 0.01×0.02×0.03×···×0.98×0.99는 소수 두 자리 수를 99개 곱했으므로(2×99=198) 소수의 자리 수는 198자리입니다. 그런데 끝자리부터 연속한 22개의 0은 사라집니다. 따라서 198자리에서 22자리를 뺀 176자리가 최종 자리 수입니다.

정답과 풀이 10쪽

팁

곱셈 속에 숨어 있는 5의 개수를 간편하게 구하는 법

① 99를 5로 나누기	19 ⋯ 4	99까지 (5×1), (5×2), ⋯, (5×19)가 있음
② ①의 몫인 19를 5로 나누기	3 ⋯ 4	19까지 (5×1), (5×2), (5×3)이 있음
③ 몫을 더 이상 나눌 수 없으면 종료		
1×2×3×4×⋯×98×99 속 5의 개수: 19+3=22(개)		

가 1 $1\times2\times3\times4\times\cdots\times199\times200$을 곱했을 때, 끝자리부터 연속한 0의 개수를 구하시오.

가 2 $0.01\times0.02\times0.03\times\cdots\times0.48\times0.49$를 계산하면 소수 몇 자리 수가 됩니까?

나 속력 문제: 공원, 호수, 운동장

예제 문정이는 1분에 300m를 걷고, 채윤이는 1분에 200m를 걷습니다. 둘레가 1.7km인 호수를 동일한 지점에서 반대 방향으로 돌았을 때 만나는 시간과 같은 방향으로 돌았을 때 만나는 시간을 각각 구하시오.

분석

1 반대 방향으로 돌다가 만나면, 2명이 움직인 거리의 합이 호수 1바퀴와 같습니다.

2 같은 방향으로 돌다가 만나면, 빠른 사람이 느린 사람을 1바퀴만큼 따라잡아야 만나므로 2명이 움직인 거리의 차가 호수 1바퀴와 같습니다.

3 문제에는 1분 동안 움직이는 거리가 주어져 있으므로, 1분 동안 움직이는 거리를 기준으로 식을 세워 봅니다.

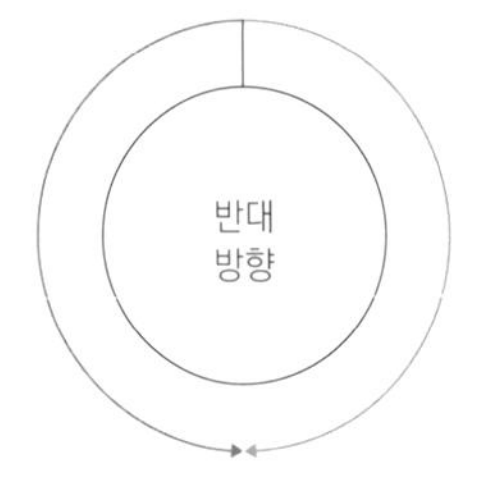

개요

문정: 1분에 300m, 채윤: 1분에 200m, 호수 둘레: 1.7km(1700m)

같은 방향으로 돌 경우 만나는 시간, 반대 방향으로 돌 경우 만나는 시간

풀이

2명이 반대 방향으로 돌다가 만날 때는 2명이 움직인 거리의 합이 호수 1바퀴와 같고, 같은 방향으로 돌다가 만날 때는 2명이 움직인 거리의 차가 호수 1바퀴와 같습니다.

1 반대 방향으로 돌다가 만날 때

1분 동안 문정이가 움직이는 거리: 300m

1분 동안 채윤이가 움직이는 거리: 200m

1분 동안 문정과 채윤이 움직인 거리의 합: $300+200=500$(m)

따라서 문정과 채윤이 만나는 시간: $1700\div500=3.4$(분)

3.4분은 3분 24초입니다.

2 같은 방향으로 돌다가 만날 때

1분 동안 문정이가 움직이는 거리: 300m

1분 동안 채윤이가 움직이는 거리: 200m

1분 동안 문정과 채윤이 움직인 거리의 차: 300−200=100(m)

문정과 채윤이 만나는 시간: 1700÷100=17(분)

대환이는 1분에 500m를 뛰고, 연재는 1분에 400m를 뜁니다. 둘레가 18km인 운동장을 동일한 지점에서 시작해 반대 방향으로 뛰었을 때 만나는 시간과 같은 방향으로 뛰었을 때 만나는 시간을 각각 구하시오.

나 2

대환이는 1분에 300m를 뛰고, 연재는 1분에 200m를 뜁니다. 둘레가 18km인 운동장을 동일한 지점에서 뛰기로 했습니다. 대환이가 연재보다 먼저 출발해 뛰기 시작하고, 10분 후 연재가 뛰기 시작했습니다. 이때 반대 방향으로 뛰었을 때 만나는 시간과 같은 방향으로 뛰었을 때 만나는 시간을 각각 구하시오. (단, 연재가 출발한 후 둘이 만나는 시간을 구합니다.)

이해가 안 되면,
다른 색깔 펜으로
직접 그려 봐!

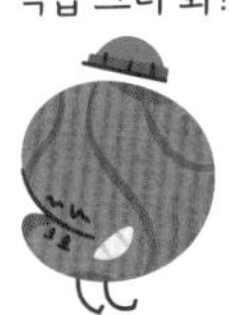

다 빈 병의 무게 구하기

이 문제…
4학년 2학기 때
본 적 있지 않아?

예제 콜라 1.5L가 들어 있는 병의 무게는 3.3kg입니다. 콜라 300mL를 마시고 다시 병의 무게를 재어 보니 2.7kg이 되었습니다. 빈 병의 무게를 구하시오.

분석

1 콜라 병의 무게는 병의 무게와 음료의 무게로 구분할 수 있습니다.

2 전체 콜라 병의 무게에서 음료의 무게를 빼면 빈 병의 무게가 나옵니다.

3 콜라 300mL의 무게를 구하면 콜라 1.5L의 무게를 구할 수 있습니다.

4 단위를 L에서 mL로 바꾸어 생각합니다.

개요

콜라 1.5L 병의 무게: 3.3kg,

콜라 300mL를 마신 후 무게: 2.7kg

빈 병의 무게는?

풀이

콜라 1.5L는 1500mL입니다.

따라서 (콜라 1500mL)+(병의 무게)=3.3(kg)입니다.

(콜라 1200mL)+(병의 무게)=2.7kg이므로

(콜라 300mL의 무게)=3.3−2.7=0.6(kg)

따라서 콜라 1500mL의 무게는 0.6×5=3(kg)입니다.

빈 병의 무게는 전체 병의 무게에서 콜라 1.5L의 무게를 빼서 구합니다.

(빈 병의 무게)=3.3−3=0.3(kg)

다 1 물 1.5L가 들어 있는 병의 무게는 2.4kg입니다. 물 300mL를 마시고 다시 무게를 재어 보니 2.1kg이 되었습니다. 빈 병의 무게를 구하시오.

다 2 콩기름 1.2L가 들어 있는 병의 무게는 3.2kg입니다. 튀김을 하기 위해 콩기름 400mL를 팬에 붓고, 다시 병의 무게를 재어 보니 2.3kg이 되었습니다. 빈 병의 무게를 구하시오.

· 단원 ·

5 직육면체

기본 개념 테스트

아래의 기본 개념 테스트를 통과하지 못했다면,
교과서 · 개념교재 · 응용교재를 보며 이 단원을 다시 공부하세요!

1 직육면체가 무엇인가요?

2 직육면체의 면, 모서리, 꼭짓점이 무엇인지 설명하고 각각 몇 개인지 적으세요.

3 직육면체의 밑면의 뜻과 성질을 설명하세요.

정답과 풀이 05쪽

4 직육면체의 옆면의 뜻과 성질을 설명하세요.

5 직육면체의 겨냥도를 그리세요.

6 정육면체의 전개도를 3개 이상 그리세요.

가 뚜껑이 없는 정육면체의 전개도

예제 다음 정육면체 전개도에서 정사각형 하나를 지워 뚜껑이 없는 정육면체 전개도를 만들려고 합니다. 전개도마다 지울 수 있는 정사각형을 모두 찾아 표시하시오.

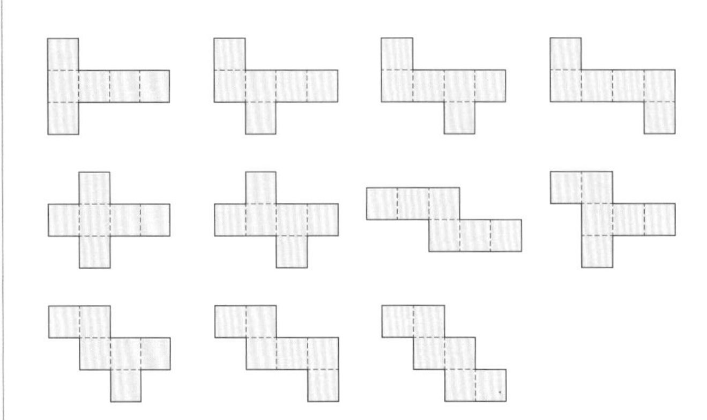

직접 해 보지 않으면
알 수 없어.

분석

1 정육면체 전개도에서 하나씩 정사각형을 지워 가며 어떤 게 되고 어떤 게 되지 않는지 찾아봅니다.

2 상상이 잘되지 않으면 직접 오리거나 그려서 확인합니다.

풀이

5개의 면으로 구성된 전개도를 만들어야 합니다. 그 과정에서 전개도가 끊어지면 안 되고, 면이 서로 만나지 못해도 안 됩니다. 직접 하나하나 해 보면 다음과 같은 결과를 얻을 수 있습니다.

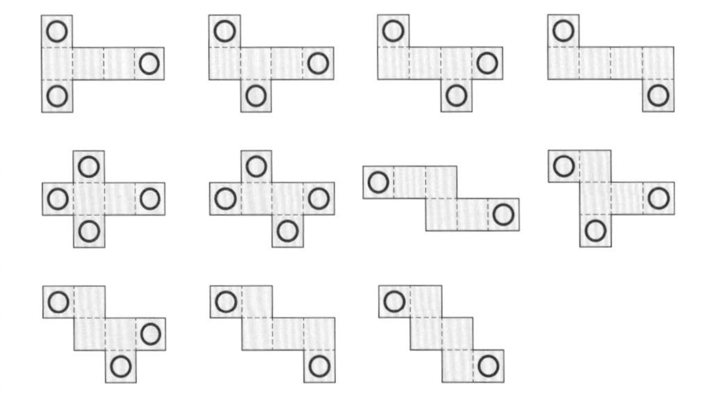

가 1 다음 그림에서 정사각형 하나를 추가하여 정육면체의 전개도를 완성하려고 합니다. 정육면체 전개도를 완성하는 방법은 몇 가지입니까? (단, 돌리거나 뒤집어서 같은 모양은 같은 것으로 봅니다.)

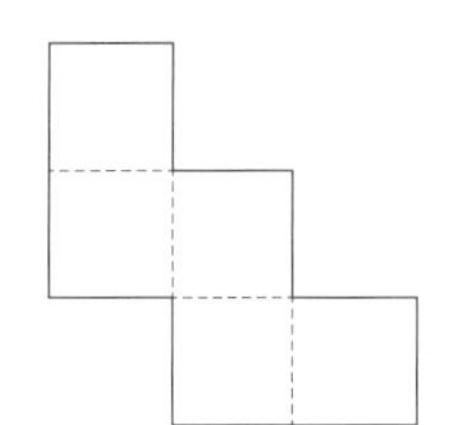

가 2 다음 정육면체의 전개도를 보고 물음에 답하시오.

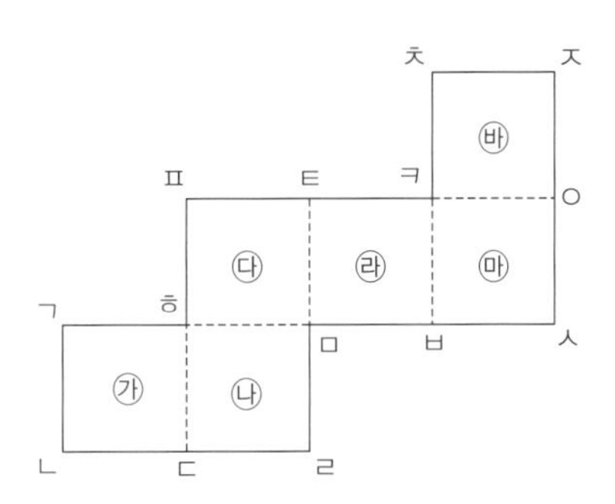

1) 정육면체를 만들었을 때, 면 ㉳와 마주 보는 면은 무엇입니까?

2) 정육면체를 만들었을 때, 점 ㅍ과 만나는 점을 모두 구하시오.

'6'개의 '직'사각형에
둘러싸여 있기 때문에
'직육면체'라고 불러.

· 단원 ·

⑥ 평균과 가능성

기본 개념 테스트

아래의 기본 개념 테스트를 통과하지 못했다면,
교과서 · 개념교재 · 응용교재를 보며 이 단원을 다시 공부하세요!

1 평균의 뜻을 설명하고 구체적인 예를 들어 평균을 구해 보세요.

2 어떤 일이 일어날 가능성을 수로 표현하세요.

4 2와 3에서 구한 두 식을 정리해 봅니다.

(○+10×□)−(○+10×◇)=3200−3000(남학생의 식에서 여학생의 식을 뺌)

→ (10×□)−(10×◇)=200

→ □−◇=20

5 남학생과 여학생의 합이 40명이고 차가 20명이므로, 남학생과 여학생을 똑같이 20명씩 배치한 후 10명을 남학생에게는 더하고 여학생에게는 빼서 차이를 20명으로 만듭니다. 남학생은 30명, 여학생은 10명입니다. (□=30, ◇=10)

6 위에서 세운 식에 남학생(또는 여학생)의 수를 넣어 전체 총점을 구합니다.

○+10×□=3200이므로 ○+10×30=3200

→ ○=2900(점)

7 따라서 (수학 점수 평균)=(전체 총점)÷(학생 수)=2900÷40=72.5(점)

가 1 지율이네 반 학생 30명이 만점이 100점인 수학 시험을 보았습니다. 전체 학생들의 수학 점수 평균이 70점이고, 남학생 점수의 평균만 10점 오르면 전체 학생들의 평균이 72점이 됩니다. 지율이네 반 남학생의 수와 여학생의 수를 구하시오.

가 2 준혁이네 반 학생 30명이 100점 만점인 수학 시험을 보았습니다. 남학생 점수의 평균만 10점 오르면 반 전체 평균이 82점이 되고, 여학생 점수의 평균만 10점 오르면 반 전체 평균은 76점이 됩니다. 준혁이네 반 남학생의 수와 여학생의 수를 구하고, 반 전체 평균을 구하시오.

고학년이면
이 정도 복잡한 문제는
풀 수 있어야 해!

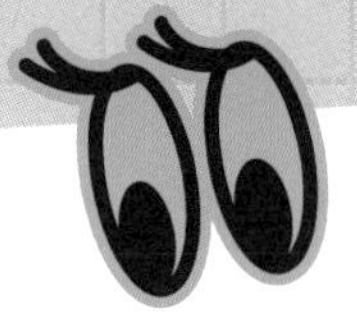

심화종합

1 텀블러를 구매한 사람의 수를 올림하여 백의 자리까지 나타내면 7000명입니다. 제품의 판매가가 1만 원이라면, 텀블러의 실제 총 판매 금액은 최소 얼마입니까?

2 수지네 학교에 재학 중인 남학생의 $\frac{3}{4}$은 자전거를 탈 수 있고, 이 중 $\frac{1}{3}$은 스케이트보드를 탈 수 있습니다. 수지네 학교 전체 학생의 $\frac{4}{7}$가 남학생일 때, 자전거는 탈 수 있고 스케이트보드는 탈 수 없는 학생은 전체 학생 수의 몇 분의 몇입니까?

3 삼각형 ㄱㄴㄷ과 삼각형 ㄷㄹㄱ은 합동입니다. 각 ㉠은 몇 도인지 풀이 과정을 쓰고 답을 구하시오.

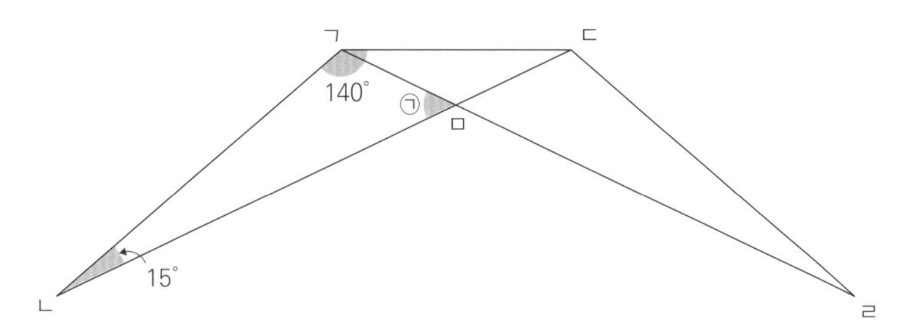

4 귤 한 상자를 열어 보니 전체의 0.25만큼 물러 있었습니다. 무른 것은 모두 버리고, 무르지 않은 귤의 0.8만큼을 먹은 후 나머지는 냉장고에 넣었습니다. 한 상자에 귤이 10kg 들어 있었다면, 냉장고에 넣은 귤은 몇 g입니까?

심화종합 1 세트

5 다음의 직육면체 모양의 나무토막을 잘라서 정육면체를 만들려고 합니다. 만들 수 있는 가장 큰 정육면체의 모든 모서리의 길이의 합은 몇 cm입니까? (단, 모서리와 수직 방향으로 자릅니다.)

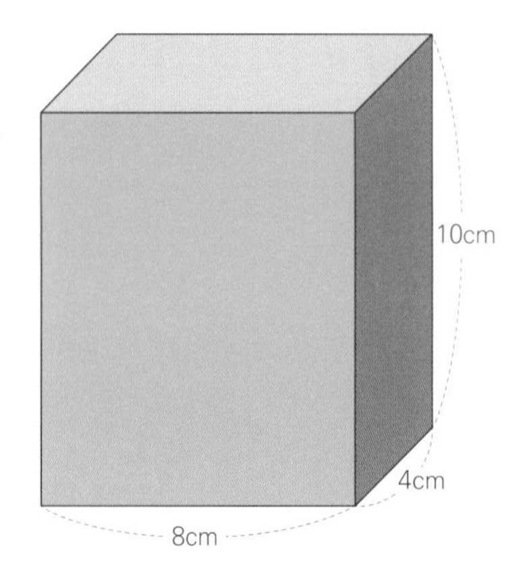

6 4명의 학생이 키 순서대로 서 있습니다. 두 번째 학생은 첫 번째 학생보다 4cm 크고, 세 번째 학생은 두 번째 학생보다 2cm 크고, 네 번째 학생은 세 번째 학생보다 8cm 큽니다. 4명의 키의 평균은 첫 번째 학생의 키보다 몇 cm 큽니까?

7 수영이는 1분 동안 0.42km를 걷고, 효진이는 1분 동안 0.54km를 걷습니다. 두 사람이 같은 지점에서 동시에 출발하여 호수의 둘레를 따라 반대 방향으로 걷기로 했습니다. 호수의 둘레가 19.2km라면, 두 사람은 출발한 지 몇 분 후에 처음으로 만나게 됩니까? (단, 수영이와 효진이의 걷는 빠르기는 일정합니다.)

8 직사각형 ㄱㄴㄷㄹ에서 삼각형 ㄹㅁㅂ과 삼각형 ㄴㅂㅁ은 점 ㅇ을 기준으로 점대칭의 위치에 있는 도형입니다. 선분 ㄱㅁ, 선분 ㅁㅂ, 선분 ㅂㄷ의 길이가 같을 때, 사각형 ㅁㄴㅂㄹ의 넓이를 구하시오.

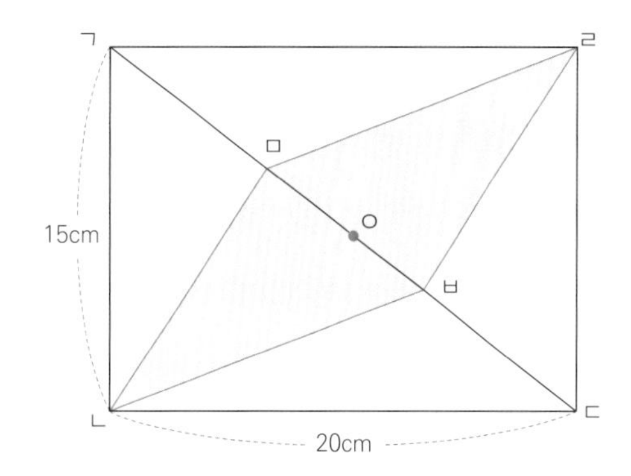

심화종합 2 세트

1 직각삼각형 ㄱㄴㄷ을 점 ㄷ을 중심으로 하여 시계 방향으로 25° 돌렸습니다. 각 ㉠은 몇 도입니까?

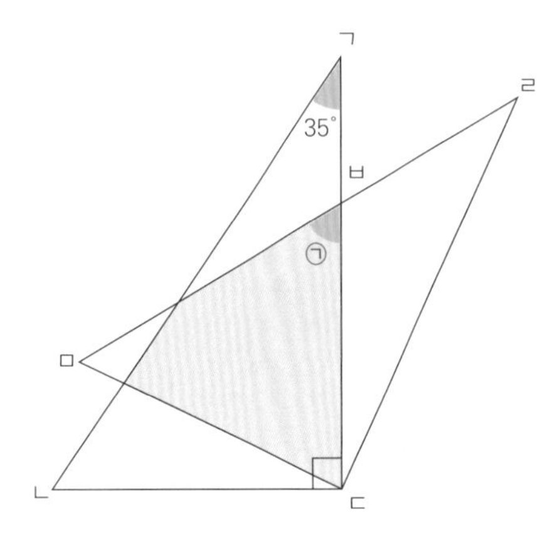

2 어느 식당에 하루 동안 380명의 사람이 왔습니다. 오전에 온 사람 수의 $\frac{4}{9}$와 오후에 온 사람 수의 $\frac{2}{5}$가 같다면, 오전에 온 사람은 몇 명입니까?

3 광수네 학교 학생 수를 올림하여 백의 자리까지 나타내면 200명, 반올림하여 백의 자리까지 나타내면 100명이 됩니다. 간식으로 모든 학생들에게 마카롱을 2개씩 주려고 합니다. 마카롱 1통에 10개씩 들었을 때, 마카롱을 최소 몇 통 준비해야 합니까?

4 별빛 전시관의 월별 관람객 수를 나타낸 표입니다. 1월부터 4월까지의 관람객 수의 평균이 1월부터 3월까지의 관람객 수의 평균보다 50명 늘어났다면, 4월에 별빛 전시관에 방문한 관람객의 수는 몇 명입니까?

월	1월	2월	3월	4월
수(명)	300	350	400	□

심화종합 2 세트

5 다음과 같은 전개도를 접어서 정육면체를 만들었을 때, 선분 ㄱㄴ과 겹치는 선분을 찾아 쓰시오.

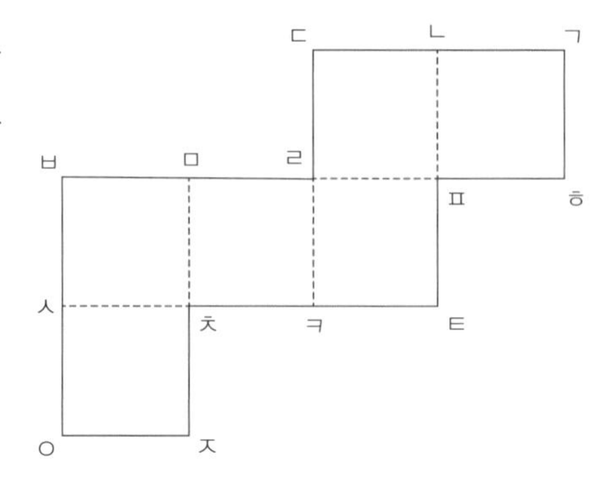

6 어떤 일을 주현이가 혼자서 하면 6시간이 걸리고, 슬기가 혼자서 하면 3시간이 걸립니다. 이 일을 주현이와 슬기가 함께한다면 일을 끝내는 데 몇 시간 몇 분이 걸립니까?

7 삼각형 ㄱㄴㄷ은 선분 ㄱㄹ을 대칭축으로 하는 선대칭도형이고, 삼각형 ㅁㄷㄱ은 선분 ㅁㅂ을 대칭축으로 하는 선대칭도형입니다. 각 ㉠의 크기를 구하시오.

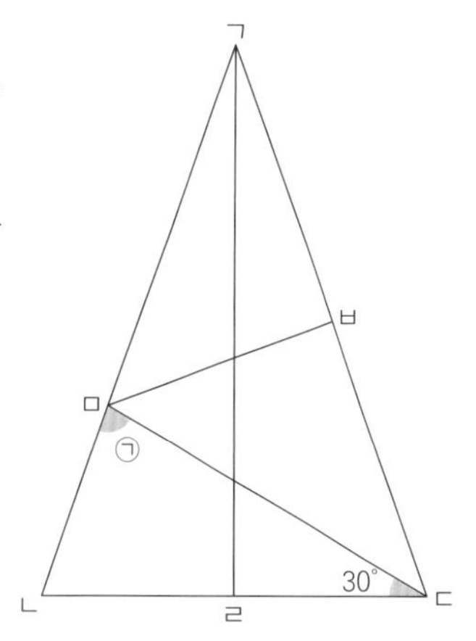

8 진호네 반 학생 수는 30명이고 과학 성적 평균은 80점입니다. 1등부터 5등까지 5명의 과학 성적 평균이 90점일 때, 나머지 학생들의 과학 성적의 평균은 몇 점입니까? 풀이 과정을 쓰고 답을 구하시오.

정답과 풀이 16쪽

심화종합 3 세트

잘 모르겠으면, 앞의 단원으로 돌아가서 복습!

1 딸기맛 사탕 3개, 포도맛 사탕 5개, 멜론맛 사탕 6개가 들어 있는 상자가 있습니다. 사탕을 1개씩 꺼내 보니 첫 번째로 딸기맛 사탕, 두 번째로 포도맛 사탕이 나왔습니다. 세 번째로 사탕을 1개 꺼낼 때, 꺼낸 사탕이 멜론맛 사탕이 아닐 가능성을 0부터 1까지의 수로 표현하시오. (단, 꺼낸 사탕은 다시 넣지 않습니다.)

2 다음과 같은 직육면체의 전개도를 접었을 때, 꼭짓점 ㄱ에서 만나는 면을 모두 찾아 빗금 쳐 보시오.

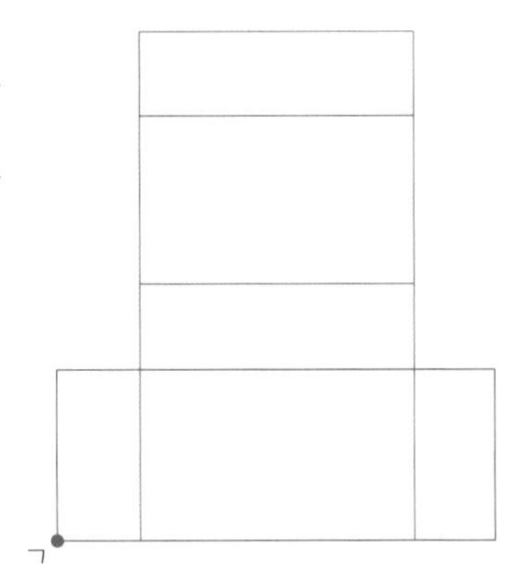

3 가전제품 판매점에서 작년에 판매한 냉장고는 1000대입니다. 올해에는 작년 판매량의 1.4배만큼 팔아 보기로 했습니다. 올해 첫날부터 오늘까지 작년 판매량의 0.5만큼 팔았다면, 올해 냉장고를 몇 대 더 팔아야 올해의 목표 판매량을 채울 수 있습니까?

4 (선분 ㄷㄱ)=(선분 ㄷㄴ)인 이등변삼각형 모양의 색종이를 점 ㄱ이 변 ㄴㄷ 위에 닿도록 접었습니다. 각 ㉠은 몇 도입니까?

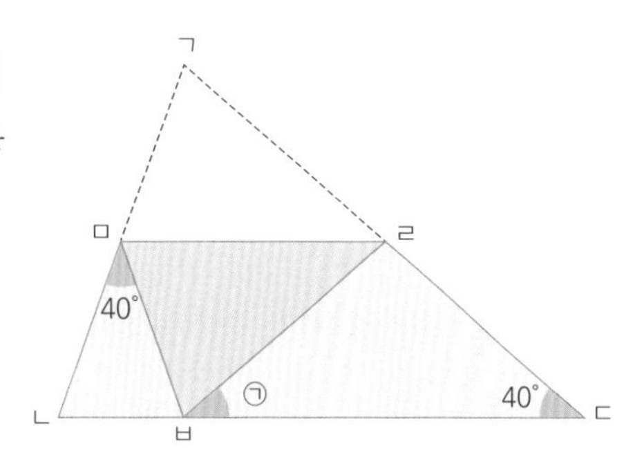

심화종합 3 세트

5 다음은 정사각형 모양의 타일 6개를 겹치지 않게 붙인 것입니다. 색칠한 타일의 넓이는 몇 cm^2입니까?

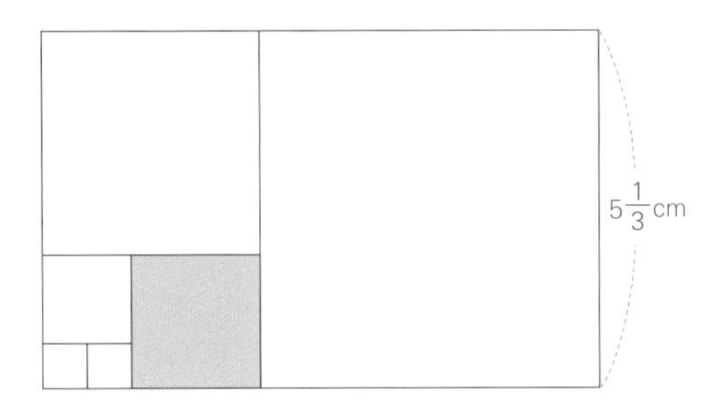

6 ㉠ 수도꼭지에서는 1분에 물이 $1\frac{1}{4}$L씩 나오고 ㉡ 수도꼭지에서는 1분에 물이 $3\frac{1}{3}$L씩 나옵니다. 두 수도꼭지를 동시에 틀어 빈 물탱크에 4분 12초 동안 물을 받았습니다. 받은 물의 양은 모두 몇 L입니까?

7 서윤이네 반 학생들 중 국어를 좋아하는 학생이 10명, 수학을 좋아하는 학생이 6명입니다. 국어도 수학도 좋아하지 않는 학생이 10명일 때, 서윤이네 반 학생 수를 초과와 미만을 이용하여 나타내시오.

8 민혁이가 어제까지 본 수학 시험 점수들의 평균은 75점입니다. 오늘 수학 시험을 한 번 더 봐서 100점을 받았더니, 오늘까지 본 수학 시험 점수들의 평균이 80점이 되었습니다. 민혁이는 수학 시험을 모두 몇 번 보았습니까?

1 은지는 친구 8명과 함께 똑같은 금액을 모아 이번 주말 방탈출 카페에 가기로 약속했습니다. 친구 중 2명이 사정이 생겨 참석하지 못하게 되어 한 사람당 돈을 4000원씩 더 내게 됐다면, 방탈출 카페의 비용은 얼마입니까? 풀이 과정을 쓰고 답을 구하시오. (단, 인원수에 따라 방탈출 카페의 가격이 변하지 않습니다.)

2 다음과 같은 직육면체를 빨간색 선을 따라 모서리와 수직으로 잘라 4개의 작은 직육면체로 나누었습니다. 4개의 작은 직육면체의 모든 모서리의 길이의 합은 몇 cm입니까?

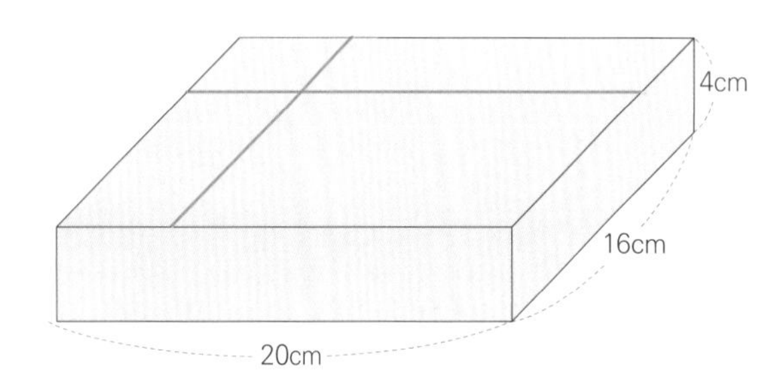

3 1km를 가는 데 휘발유 0.03L가 필요한 자동차가 있습니다. 이 자동차를 타고 1시간에 80km를 달리는 빠르기로 1시간 30분 동안 달렸습니다. 사용한 휘발유의 양은 몇 L입니까? 소수를 이용해 풀이 과정을 쓰고 답을 구하시오.

4 직사각형 ㄱㄴㄷㄹ에서 선분 ㄴㅁ의 길이는 선분 ㄴㄷ의 길이의 $\frac{2}{5}$이고, 선분 ㄹㅂ의 길이는 선분 ㄹㄷ의 길이의 $\frac{1}{3}$입니다. 각 ㉠은 몇 도입니까?

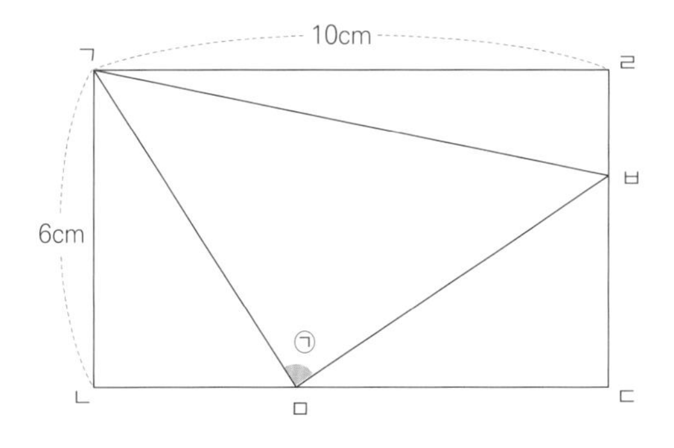

심화종합 4 세트

5 그림과 같이 직사각형 모양의 땅에 폭이 일정한 길을 냈습니다. ㄱ과 ㄴ 사이의 거리는 전체 땅의 가로의 길이의 $\frac{1}{4}$이고, ㄷ과 ㄹ 사이의 거리는 전체 땅의 세로 길이의 $\frac{1}{3}$입니다. 길을 내기 전 전체 땅의 넓이가 $360m^2$일 때, 색칠한 부분의 넓이는 몇 m^2입니까? 풀이 과정을 쓰고 답을 구하시오.

ㄱ ㄴ

ㄷ

ㄹ

6 어떤 자연수 ㉠을 버림하여 십의 자리까지 나타내었더니 ㉡이 되었고, ㉡을 반올림하여 백의 자리까지 나타내었더니 3200이 되었습니다. ㉠이 될 수 있는 수 중 가장 큰 자연수를 구하시오.

7 열심 초등학교 5학년 전체 학생 100명이 만점이 100점인 수학 시험을 보았습니다. 만약 남학생 점수의 평균만 10점 오른다면 전체 점수의 평균은 80점이 되고, 여학생 점수의 평균만 10점 오르면 전체 점수의 평균이 79점이 됩니다. 열심 초등학교 5학년 전체 학생 수학 점수의 평균은 몇 점입니까?

8 영수는 창고에서 정육면체 모양의 상자를 직육면체 모양으로 쌓아 올렸습니다. 상자의 개수는 앞에서 보았을 때 12개, 옆에서 보았을 때 18개, 위에서 보았을 때 24개입니다. 정육면체 모양 상자의 한 변의 길이가 20cm일 때, 영수가 쌓아 올린 직육면체의 높이는 몇 cm입니까?

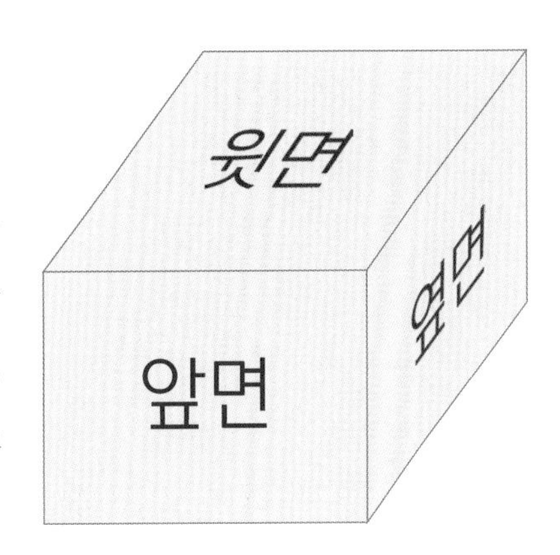

정답과 풀이 20쪽

심화종합 5 세트

1 커피 전문점에서 올해에는 커피를 작년 가격의 0.2배만큼 올려 팔기로 했습니다. 동시에 올해부터 매주 금요일에는 커피 가격의 0.1만큼 할인해 주기로 했습니다. 올해 매주 금요일에 먹을 수 있는 커피의 가격은 작년 커피 가격의 몇 배입니까?

2 민주가 가지고 있는 색종이의 $\frac{7}{15}$은 노란색이고 나머지는 빨간색입니다. 빨간색 색종이가 노란색 색종이보다 3장 많을 때, 민주가 가지고 있는 색종이는 모두 몇 장입니까?

3 정사각형 모양의 색종이를 다음과 같이 접었다가 펼쳤습니다. 점 ㄱ과 점 ㅁ, 점 ㄴ과 점 ㅂ을 각각 선분으로 이었을 때 ㉠의 각도를 구하시오.

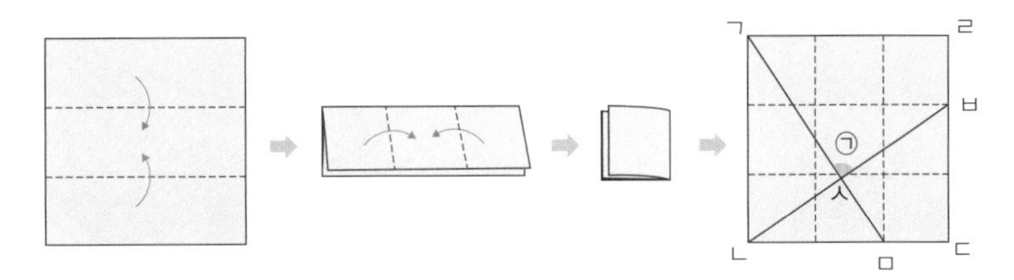

4 시현이네 반 학생 20명이 농구 자유투 쏘기 시험을 보았습니다. 서로 다른 3개의 거리에서 1번씩 모두 3번 슛을 던지고, 골대와의 거리에 따라 10점, 20점, 30점을 얻습니다. 다음 표는 자유투 쏘기 시험의 최종 점수별 학생 수를 정리한 것입니다.

최종 점수(점)	0	10	20	30	40	50	60
학생 수(명)	□	3	4	3	4	○	1

전체 학생 점수의 평균: 28.5점

30점 슛을 성공한 학생이 10명이면, 20점 슛을 성공한 학생은 몇 명입니까?

심화종합 5 세트

5 다음 그림과 같이 정육면체의 겉면을 모두 색칠한 다음 각 모서리를 4등분하여 크기가 같은 정육면체가 되도록 모두 잘랐습니다. 잘라 만든 정육면체 중 한 면도 색칠되지 않은 정육면체는 모두 몇 개 입니까?

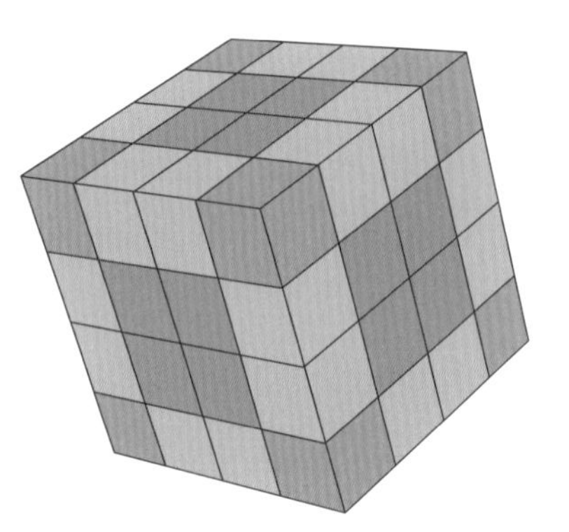

6 지표면에서 약 10km 높이까지는 높이가 1km 높아질 때마다 기온이 약 6°C씩 떨어집니다. 지표면에서의 기온이 25°C일 때, 높이가 1500m인 산꼭대기의 기온은 약 몇 °C입니까?

7 다음과 같이 정삼각형의 각 변의 한가운데 점을 찍고 이어서 정삼각형을 그리고, 정삼각형을 초록색으로 칠해 나갔습니다. 처음 하얀색 정삼각형의 넓이를 1이라고 할 때, 네 번째 그림에서 초록색으로 색칠된 넓이는 얼마입니까?

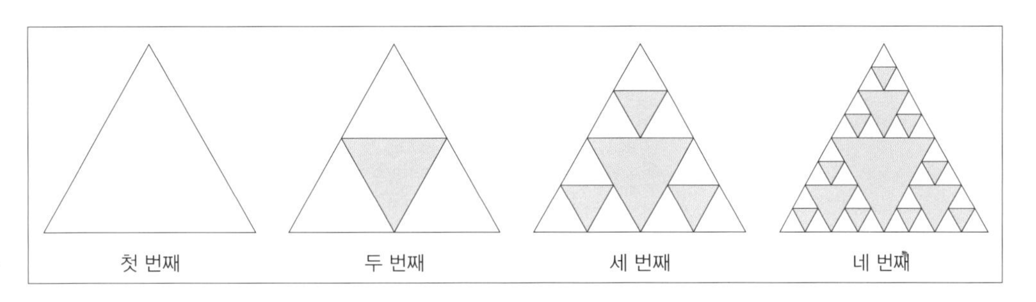

8 일정한 규칙으로 분수를 나열한 것입니다. 27번째 분수와 40번째 분수의 곱은 얼마입니까?

$\frac{1}{3}$ $\frac{2}{5}$ $\frac{3}{7}$ $\frac{4}{9}$ $\frac{5}{11}$ ⋯

실력 진단 테스트

실력 진단 테스트

정답과 풀이 22쪽

45분 동안 다음의 15문제를 풀어 보세요.

1 어떤 수를 올림하여 십의 자리까지 나타내면 80이고, 반올림하여 십의 자리까지 나타내면 70입니다. 어떤 수는 모두 몇 개인지 구하시오.

2 어떤 엘리베이터는 탑승 무게가 680kg 이상이면 움직이지 않습니다. 몸무게가 38kg인 사람 10명과 50kg인 사람 10명이 엘리베이터에 타려 합니다. 되도록 많은 사람이 타려면 몇 명까지 탈 수 있겠습니까?

3 하루에 $2\frac{1}{7}$분씩 늦어지는 시계가 있습니다. 이 시계를 오늘 정오에 정확하게 맞추었을 때, 2주일 후 정오에 이 시계는 몇 시 몇 분을 가리키겠습니까?

4 가인이네 학교 전체 학생 수의 $\frac{19}{40}$는 여학생이고, 남학생이 여학생보다 30명 더 많습니다. 가인이네 학교의 여학생은 몇 명입니까?

정답과 풀이 22쪽

5 다음 전개도로 직육면체를 만들었을 때, 모든 모서리의 길이의 합을 구하시오.

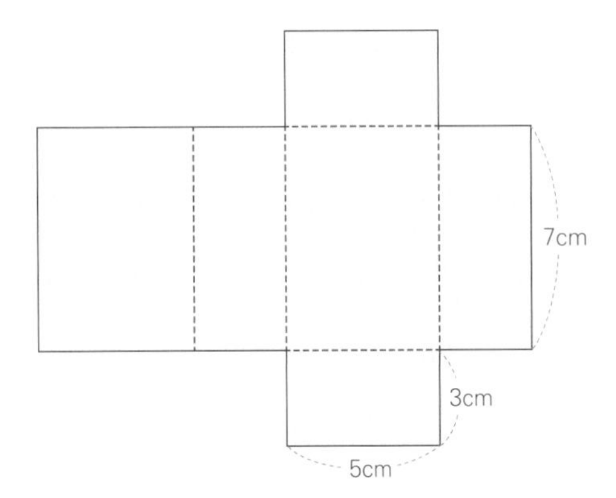

6 둘레의 길이가 60cm인 정사각형이 있습니다. 이 정사각형의 세로를 기존 길이의 $\frac{5}{12}$만큼 늘리고, 가로는 적당히 줄여서 둘레의 길이가 60cm인 직사각형을 만들었습니다. 정사각형과 직사각형 중 어느 것의 넓이가 얼마나 더 넓습니까?

7 다음을 계산하시오.

$$\left(1\frac{1}{10}-\frac{5}{6}\right)\times\frac{1}{4}$$

8 ㉮ 수도꼭지에서는 1분에 $1\frac{2}{5}$L의 물이 일정하게 나오고, ㉯ 수도꼭지에서는 1분에 $1\frac{1}{4}$L의 물이 일정하게 나옵니다. ㉮ 물통에는 ㉮ 수도꼭지에서 3분 45초 동안 물을 받았고, ㉯ 물통에는 ㉯ 수도꼭지에서 4분 15초 동안 물을 받았습니다. ㉮, ㉯ 중에서 어느 물통에 받은 물의 양이 몇 L 더 많습니까?

정답과 풀이 22쪽

9 동생의 몸무게는 은수의 몸무게의 0.8배이고, 어머니의 몸무게는 동생의 몸무게의 1.65배입니다. 은수의 몸무게가 45kg일 때, 어머니의 몸무게는 몇 kg인지 구하시오.

10 다음 보기 중 바르게 계산한 것은 무엇입니까?

① $0.21 \times 0.5 = 1.05$

② $0.38 \times 0.4 = 15.2$

③ $0.8 \times 0.63 = 0.504$

④ $0.8 \times 0.27 = 2.16$

⑤ $0.77 \times 0.31 = 2.387$

11 어떤 수에 0.62를 곱해야 할 것을 잘못하여 620을 곱하였더니 44640이 되었습니다. 바르게 계산한 값은 얼마인지 구하시오.

12 다음은 각 면에 서로 다른 수가 쓰여진 정육면체를 각각 다른 방향에서 본 것입니다. 서로 평행한 면에 적힌 수의 합이 일정하다면, 그 합은 얼마입니까? (단, 숫자의 방향은 생각하지 않습니다.)

13 그림과 같이 상자를 끈으로 묶었을 때, 사용한 끈의 길이는 몇 m입니까? (단, 매듭에 사용한 끈의 길이는 60cm입니다.)

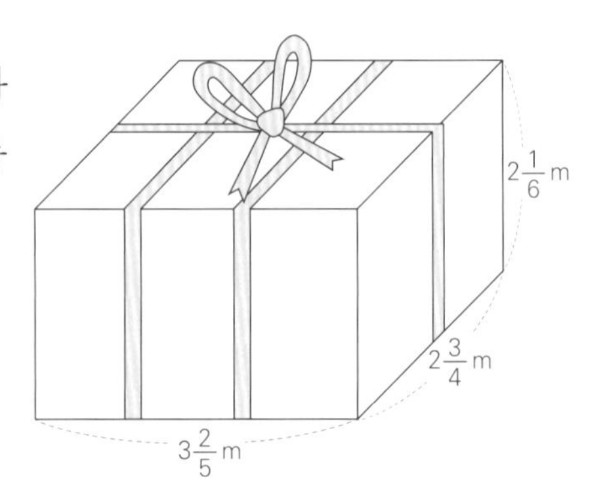

14 봉지에 가득 담겨 있는 초콜릿을 친구들에게 나누어 주려고 합니다. 첫 번째 친구에게는 초콜릿의 $\frac{1}{3}$을 나누어 주고, 두 번째 친구에게는 나머지의 $\frac{1}{4}$을 나누어 주고, 세 번째 친구에게는 나머지의 $\frac{1}{5}$을 나누어 주려고 합니다. 이와 같은 방법으로 열 번째 친구까지 나누어 주면 초콜릿은 처음의 몇 분의 몇이 남겠습니까?

15 준우네 학교에 재학 중인 5학년 학생들이 소풍을 가려고 합니다. 대형 버스 1대와 소형 버스 1대로 전체 학생의 $\frac{1}{36}$을 남는 자리 없이 태울 수 있고, 대형 버스 30대와 소형 버스 48대로 5학년 학생 전부를 남는 자리 없이 태울 수 있다고 합니다. 모든 5학년 학생들을 소형 버스에만 태운다면, 모두 몇 대의 소형 버스가 필요합니까?

실력 진단 결과

• 정답과 풀이 25쪽 참고

채점을 한 후, 다음과 같이 점수를 계산합니다.

(내 점수)=(맞은 개수)×6+10(점)

내 점수: _______ 점

점수에 따라 무엇을 하면 좋을까요?

90점~100점: 틀린 문제만 오답하세요.

80점~90점: 틀린 문제를 오답하고, 여기에 해당하는 개념을 찾아 복습하세요.

70점~80점: 이 책을 한 번 더 풀어 보세요.

60점~70점: 개념부터 차근차근 다시 공부하세요.

50점~60점: 개념부터 차근차근 공부하고, 재밌는 책을 읽는 시간을 많이 가져 보세요.

지은이 **류승재**

고려대학교 수학과를 졸업했습니다. 25년째 수학을 가르치고 있습니다. 최상위권부터 최하위권까지, 재수생부터 초등부까지 다양한 성적과 연령대의 아이들에게 수학을 가르쳤습니다. 교과 수학뿐만 아니라 사고력 수학 · 경시 수학 · SAT · AP · 수리논술까지 다양한 분야의 수학을 다루었습니다.
수학 공부의 바이블로 인정받는《수학 잘하는 아이는 이렇게 공부합니다》를 썼고, 더 체계적이고 구체적인 초등 수학 공부법을 공유하기 위해《초등수학 심화 공부법》을 썼습니다. 유튜브 채널「공부머리 수학법」과 강연, 칼럼 기고 등 다양한 활동을 통해 수학 잘하기 위한 공부법을 나누고 있습니다.

유튜브「공부머리 수학법」
네이버카페「공부머리 수학법」
책을 읽고 궁금한 내용은 네이버카페에 남겨 주세요.

초판 1쇄 발행 2022년 11월 19일

지은이 류승재

펴낸이 金昇芝
편집 김도영 노현주
디자인 별을잡는그물 양미정

펴낸곳 블루무스에듀
전화 070-4062-1908
팩스 02-6280-1908
주소 경기도 파주시 경의로 1114 에펠타워 406호
출판등록 제2022-000085호
이메일 bluemoosebooks@naver.com
인스타그램 @bluemoose_books

ISBN 979-11-91426-66-3 (63410)

생각의 힘을 기르는 진짜 공부를 추구하는 블루무스에듀는 블루무스 출판사의 어린이 학습 브랜드입니다.

□+○=921
가장 확실한
초등 심화 입문서
열려라
심화
초등수학
정답과
풀이
1/2
7/10=0.7
블루무스에듀
bluemoose edu

초등수학

5-2

정답과 풀이

기본 개념 테스트

1단원 수의 범위와 어림하기 • 10쪽~11쪽

채점 전 지도 가이드
많이 어려워하는 단원은 아닙니다. 다만 수의 범위 관련 용어, 즉 이상·이하·초과·미만은 중고등수학에서 계속 나오므로 이해 후 암기가 필수입니다. 이 용어들을 정확하게 익혀야 특정 문제의 조건에서 경곗값이 포함되는지 여부를 구분할 수 있습니다. 이 구분을 제대로 하지 못하면 이후 중학교에서 부등식 활용 문제를 풀 때 어려움을 겪습니다. 한편 어림은 그 의미와 필요를 알고 직접 올림·버림·반올림을 해 보는 것이 중요합니다.

1.

어떤 수와 같거나 큰 수를 어떤 수의 이상인 수라고 합니다.
53 이상인 수를 수직선에 나타내면 다음과 같습니다.

어떤 수와 같거나 작은 수를 어떤 수의 이하인 수라고 합니다.
57 이하인 수를 수직선에 나타내면 다음과 같습니다.

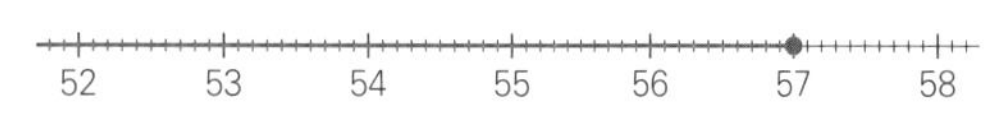

2.

어떤 수보다 큰 수를 어떤 수의 초과인 수라고 합니다.
19 초과인 수를 수직선에 나타내면 다음과 같습니다.

어떤 수보다 작은 수를 어떤 수의 미만인 수라고 합니다.
23 미만인 수를 수직선에 나타내면 다음과 같습니다.

3.

30 이상 34 미만을 수직선에 나타내면 다음과 같습니다.

4.

올림의 경우 십의 자리 아래 수인 6을 10으로 보고 750으로 나타냅니다. 즉 십의 자리 숫자가 1 커집니다.
따라서 746 → 750
버림의 경우 십의 자리 아래 수인 6을 0으로 보고 740으로 나타냅니다. 즉 십의 자리 아래 숫자는 모두 0이 되고 십의 자리 숫자는 그대로입니다.
따라서 746 → 740

잠깐! 부모 가이드
일의 자리가 0인 경우, 즉 740의 경우 십의 자리까지 나타내기 위해 어떻게 하냐고 추가로 물어볼 수 있습니다. 올리거나 버릴 게 없으므로 그대로 쓴다는 대답을 하면 정답입니다.

5.

올림의 경우 백의 자리 아래 수인 46을 100으로 보고 800으로 나타냅니다. 즉 백의 자리 숫자가 1 커집니다.
따라서 746 → 800
버림의 경우 백의 자리 아래 수인 46을 0으로 보고 700으로 나타냅니다. 즉 백의 자리 아래 숫자는 모두 0이 되고 백의 자리 숫자는 그대로입니다.
따라서 746 → 700

6.

1) 일의 자리 숫자가 2이므로 버립니다. 따라서 4652→ 4650
2) 십의 자리 숫자가 5이므로 올립니다. 따라서 4652→ 4700
3) 일의 자리에서 반올림하면 일의 자리 숫자가 0이 되고 십의 자리 숫자가 바뀌거나 그대로이고, 십의 자리에서 반올림하면 일의 자리 숫자와 십의 자리 숫자가 0이 되고 백의 자리 숫자가 바뀌거나 그대로입니다.

2단원 분수의 곱셈 • 14쪽~15쪽

채점 전 지도 가이드
본래 분수의 곱셈은 분자는 분자끼리, 분모는 분모끼리 곱한다는 알고리즘을 이용하면 쉽게 해결됩니다. 하지만 이 기본 개념 테스트에서는 곱셈의 기본 원리를 이해하고 그림을 활용해 설명하도록 요구합니다. 왜냐하면 분수의 곱셈은 그 원리를 이해하기 힘들고, 자연수의 곱셈과 달리 그 결과가 작아질 수도 있고, 결합법칙이나 분배법칙이 활용되는 등 전체적으로 반직관적이고 추상적입니다. 그렇기 때문에 구체적인 시각 모델을 이용해 원리부터 확실히 알도록 유도하는 것입니다. 그 후에 알고리즘을 이용해 계산해야 기억에도 더 잘 남습니다.

1.

$\frac{2}{5}$에 3을 곱한 것은 $\frac{2}{5}$를 3번 더하는 것과 같습니다.
따라서 식으로 쓰면 다음과 같습니다.

$\frac{2}{5}\times3=\frac{2}{5}+\frac{2}{5}+\frac{2}{5}=\frac{6}{5}$

2.

$4\times\frac{1}{3}$은 4의 $\frac{1}{3}$이라는 뜻입니다.

1을 4개를 모은 후 3등분하면 4의 $\frac{1}{3}$이 됩니다.

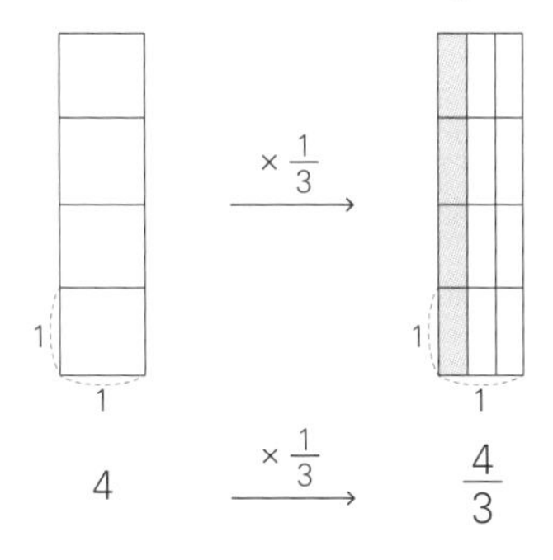

따라서 $4\times\frac{1}{3}=\frac{4\times1}{3}=\frac{4}{3}$

그런데 $\frac{1}{3}\times4$의 값도 $\frac{4}{3}$입니다. 이를 그림으로 그리면 다음과 같습니다.

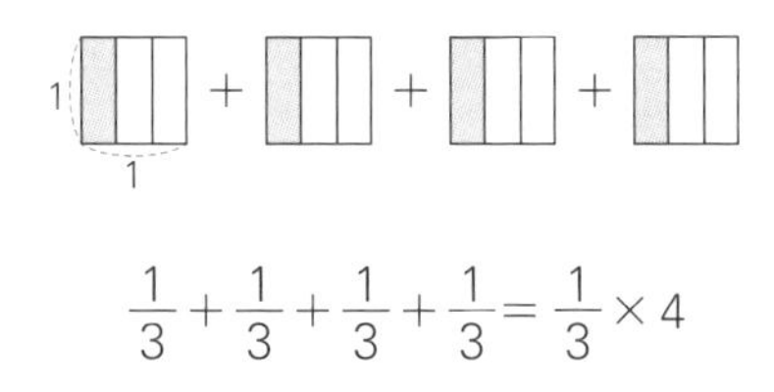

$$\frac{1}{3}+\frac{1}{3}+\frac{1}{3}+\frac{1}{3}=\frac{1}{3}\times4$$

따라서 $4\times\frac{1}{3}=\frac{1}{3}\times4=\frac{4}{3}$

3.

$\frac{1}{3}\times\frac{1}{5}$은 $\frac{1}{3}$의 $\frac{1}{5}$을 뜻합니다. $\frac{1}{3}$을 다시 5등분하여 그 크기를 살펴봅니다.

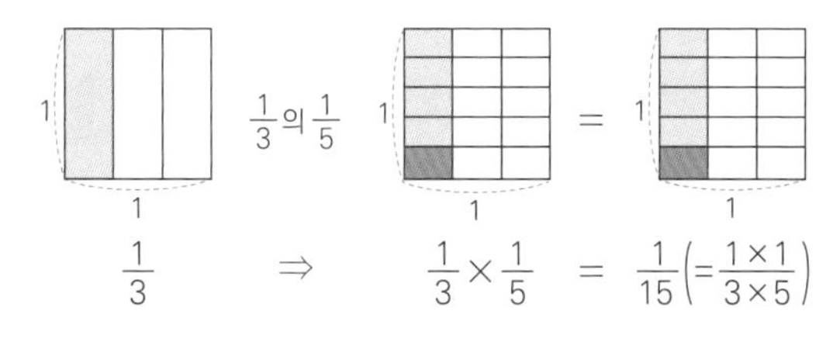

$\frac{1}{3}$의 $\frac{1}{5}$은 1을 15등분한 것과 같습니다.

따라서 $\frac{1}{3}\times\frac{1}{5}=\frac{1\times1}{3\times5}=\frac{1}{15}$

4.

1. 대분수를 가분수로 바꾸어 계산합니다.

$2\frac{1}{4}\times1\frac{1}{3}=\frac{9}{4}\times\frac{4}{3}=\frac{9\times4}{4\times3}=\frac{36}{12}=3$

2. 대분수를 자연수 부분과 진분수 부분으로 나누어 계산합니다.

$2\frac{1}{4}\times1\frac{1}{3}=2\frac{1}{4}\times(1+\frac{1}{3})=(2\frac{1}{4}\times1)+(2\frac{1}{4}\times\frac{1}{3})$

$=2\frac{1}{4}+(\frac{9}{4}\times\frac{1}{3})=2\frac{1}{4}+\frac{3}{4}=3$

잠깐! 부모 가이드

구체적인 문제 없이 직접 문제를 만들고 답을 적도록 되어 있는데, 문제를 만들지 못하면 교과서나 다른 문제집을 참고하게 합니다. 또한 두 가지 계산 방법을 떠올리지 못해도 다시 교과서로 돌아가게 합니다.

3단원 합동과 대칭

• 24쪽~25쪽

채점 전 지도 가이드

4학년 1학기 4단원 평면도형의 이동을 제대로 공부했다면 어렵지 않은 단원입니다. 도형의 합동을 배운 다음 이를 토대로 도형의 대칭을 익힙니다. 도형의 대칭은 이후 입체도형의 기본이 되는 개념이므로 선대칭도형 및 점대칭도형은 직접 그릴 줄 알아야 합니다.

1.

두 도형이 모양과 크기가 같아서 포개었을 때 완전히 겹쳐지면 두 도형을 서로 합동이라고 합니다.

2.

합동인 두 도형은 포개었을 때 각각의 점이 완전히 겹칩니다.
대응점이란 두 도형을 포개었을 때 서로 겹치는 점을 말합니다.
합동인 두 도형은 포개었을 때 각각의 각이 완전히 겹칩니다.
대응각이란 두 도형을 포개었을 때 서로 겹치는 각을 말합니다.
합동인 두 도형은 포개었을 때 각각의 변이 완전히 겹칩니다.
대응변이란 두 도형을 포개었을 때 서로 겹치는 변을 말합니다.

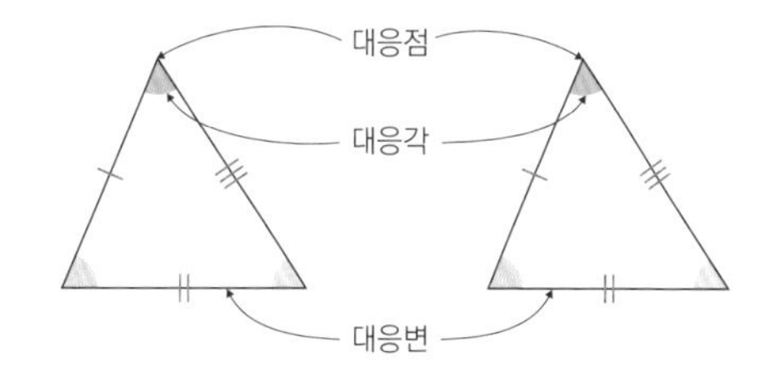

3.

한 직선을 따라 접어서 완전히 겹치는 도형을 선대칭도형이라고 합니다. 선대칭도형을 대칭축을 따라 접었을 때 겹치는 점을 대응점, 겹치는 변을 대응변, 겹치는 각을 대응각이라고 합니다. 또한 각각의 대응점에서 대칭축까지의 거리가 같습니다.
선대칭도형을 그리려면 각 꼭짓점에서 대칭축에 수직인 선분을 그리고, 같은 거리만큼 떨어진 지점에 점을 찍고 점들끼리 연결합니다.

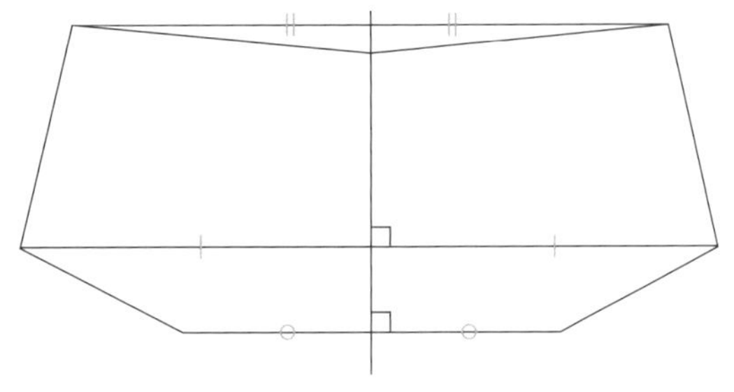

4.

한 도형을 어떤 점을 중심으로 180° 돌렸을 때 처음 도형과 완전히 겹치면 이 도형을 점대칭도형이라고 합니다. 대칭점을 중심으로 180° 돌렸을 때 겹치는 점을 대응점, 겹치는 변을 대응변, 겹치는 각을 대응각이라고 합니다. 또한 각각의 대응점에서 대칭의 중심까지의 거리가 같습니다.
각 꼭짓점과 대칭의 중심을 연결하는 선분을 그리고, 같은 거리만큼 떨어진 지점에 점을 찍고 점들끼리 연결합니다.

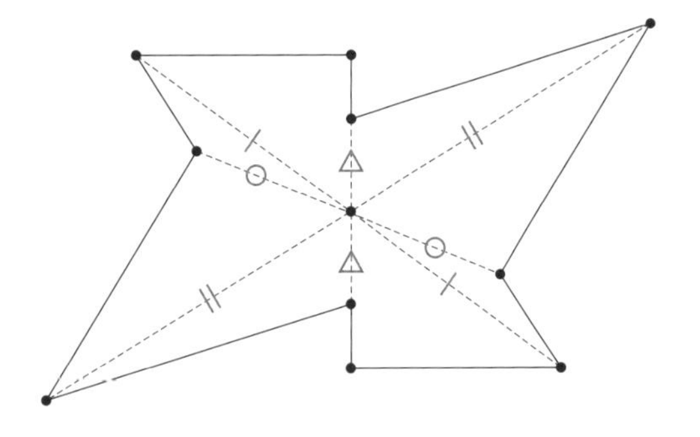

4단원 소수의 곱셈

• 32쪽~33쪽

채점 전 지도 가이드

응용까지 한 아이라면 소수의 곱셈 자체는 대개 자연수의 곱셈에 준해 잘 해낼 것입니다. 하지만 원리를 알지 못하여 왜 그런 결과가 나오는지 제대로 파악하지 못하면 이후 심화를 진행할 때 큰 어려움을 겪을 가능성이 높습니다. 원리를 정확하게 알고 있어야 단위가 변하고 자리 수가 늘어나도 당황하지 않고 문제를 풀 수 있습니다. 특히 1번과 2번 문제는 답보다 과정이 중요합니다.

1.

소수를 분수로 고쳐서 계산한 다음, 다시 소수로 되돌립니다.

$0.2\times3=\frac{2}{10}\times3=\frac{2\times3}{10}=\frac{6}{10}=0.6$

$1.35\times7=\frac{135}{100}\times7=\frac{135\times7}{100}=\frac{945}{100}=9.45$

2.

소수를 자연수로 바꾸어 계산한 뒤, 나온 값을 소수로 되돌립니다.
즉 소수를 자연수로 바꾸기 위해 10배로 만들었다면(0.7→7)
자연수를 이용해 계산한 다음 $\frac{1}{10}$배를 합니다.
3×0.7을 자연수의 곱셈을 이용해 계산합니다.
3×7=21이고, 0.7은 7의 $\frac{1}{10}$배입니다.
따라서 3×7=21을 계산한 다음 $\frac{1}{10}$배를 합니다.
따라서 3×0.7=(3×7의 $\frac{1}{10}$배)=2.1

3.

소수를 자연수로 바꾸어 계산한 뒤, 나온 값을 소수로 되돌립니다.
예를 들어 2.8×3.1을 계산한다면, 2.8을 10배 하여 28로 만들고 3.1을 10배 하여 31로 만들어 세로셈으로 계산합니다.

$$\begin{array}{r} 2\ 8 \\ \times\ 3\ 1 \\ \hline 8\ 6\ 8 \end{array}$$

10배를 2번 했으므로 원래대로 되돌리기 위해 $\frac{1}{10}$배를 2번 합니다. 소수점을 높은 자리로 1번 옮기면 $\frac{1}{10}$배가 되므로, 2번 옮겨 $\frac{1}{10}$배를 2번 합니다.

2 8	— $\frac{1}{10}$배 →	2.8	← 소수 한 자리 수
× 3 1	— $\frac{1}{10}$배 →	× 3.1	← 소수 한 자리 수
8 6 8	— $\frac{1}{100}$배 →	8.68	← 소수 두 자리 수

4.

1) 곱하는 수의 0의 개수만큼 소수점이 오른쪽으로 옮겨집니다.
0.25×1=0.25
0.25×10=2.5 ← 소수점이 오른쪽으로 1칸 이동
0.25×100=25 ← 소수점이 오른쪽으로 2칸 이동
0.25×1000=250 ← 소수점이 오른쪽으로 3칸 이동

2) 곱하는 수의 소수점 아래 자리 수만큼 소수점이 왼쪽으로 옮겨집니다.
270×1=270
270×0.1= 27 ← 소수점이 왼쪽으로 1칸 이동
270×0.01=2.7 ← 소수점이 왼쪽으로 2칸 이동
270×0.001=0.27 ← 소수점이 왼쪽으로 3칸 이동

3) 곱하는 두 수의 소수점 아래 자리 수를 더한 것과 계산한 값의 소수점 아래 자리 수가 같습니다.

$0.4 \times 0.6 = 0.24$

$0.4 \times 0.06 = 0.024$

$0.04 \times 0.06 = 0.0024$

5단원 직육면체

• 40쪽~41쪽

채점 전 지도 가이드

어려운 단원은 아니지만, 그렇다고 소홀히 넘어가면 이후 6학년 과정에 나오는 모든 입체도형을 배울 때 곤란해집니다. 직육면체의 특징과 각 부분의 이름을 외우고, 다양한 전개도를 그릴 줄 알아야 합니다. 기본 개념 테스트에서는 정육면체의 전개도를 그리도록 요구합니다. 이후 직육면체의 전개도는 정육면체의 전개도를 기반으로 찾으면 쉽기 때문에 정육면체의 전개도를 눈에 익혀 두는 게 좋습니다.

1.

직사각형 6개로 둘러싸인 도형을 직육면체라고 합니다.

2.

직육면체에서 선분으로 둘러싸인 부분을 면이라고 합니다.
면과 면이 만나는 선분을 모서리라고 합니다.
모서리와 모서리가 만나는 점을 꼭짓점이라고 합니다.
면은 6개, 모서리는 12개, 꼭짓점은 8개입니다.

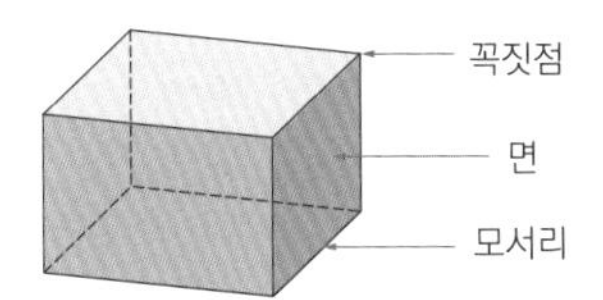

잠깐! 부모 가이드

한 꼭짓점에서는 3개의 면이 만납니다. 이것까지 알게 되면 추후 전개도를 그릴 때 편리합니다.

3.

직육면체에서 서로 평행한 면을 직육면체의 밑면이라고 합니다. 서로 평행한 두 면은 마주 보는 면으로, 두 면을 계속 늘여도 만나지 않습니다. 직육면체에는 밑면이 3쌍 있습니다.

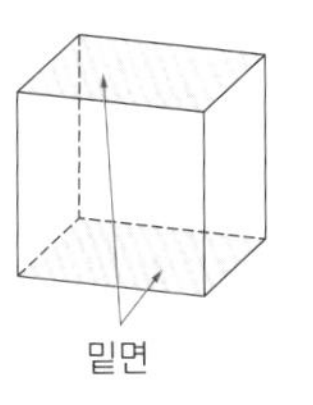

4.

밑면과 수직인 면을 직육면체의 옆면이라고 합니다. 한 밑면과 수직인 옆면이 4개 있습니다.

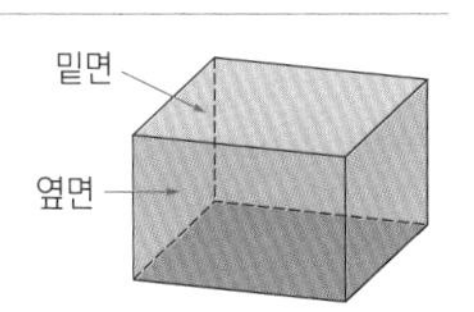

5.

보이는 모서리는 실선으로, 보이지 않는 모서리는 점선으로 그립니다. 또한 평행한 모서리끼리는 같은 길이로 그립니다.

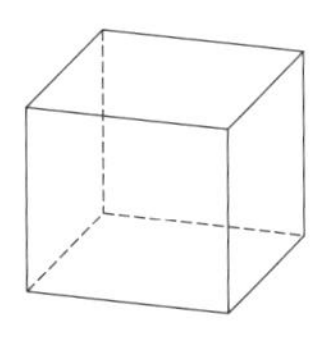

잠깐! 부모 가이드

교과서에 따르면 겨냥도에서는 보이는 모서리는 실선으로, 보이지 않는 모서리는 점선으로 그리라고 지도하고 있습니다. 단순히 직육면체의 모양대로 그리는 것이 아니라 실선과 점선을 적절히 사용했는지 여부도 체크하여 채점해야 합니다. 또한 보이는 모서리부터 그린 후, 보이지 않는 모서리를 그려 완성하라는 팁도 알려 주면 좋습니다.

6.

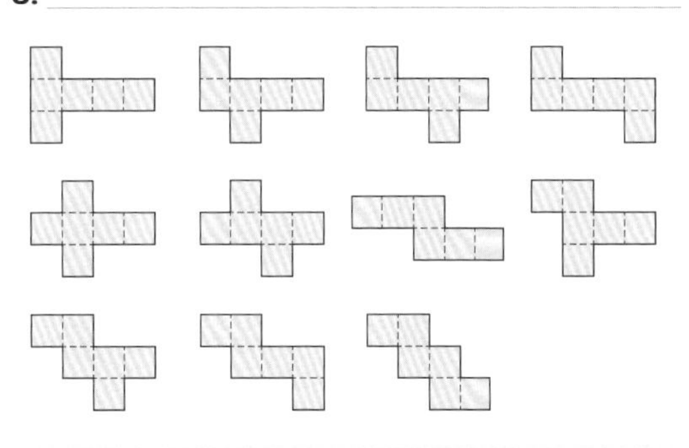

잠깐! 부모 가이드

정답과 풀이의 정육면체의 전개도 11개는 모든 전개도를 표현한 것입니다. 이 중 3개를 정확히 그려야 정답으로 합니다. 만약 이 부분을 어려워하면 직접 종이를 잘라 전개도를 만들고 정육면체를 조립하는 연습을 시킵니다.

6단원 평균과 가능성 • 44쪽~45쪽

채점 전 지도 가이드
통계를 배우는 단원으로, 중등 때 깊이 들어가기 전 아주 간단한 개념들만 배우기 때문에 어렵지는 않습니다. 다만 예시를 들 때 어떤 걸 들지 생각을 잘 해내지 못할 경우에는, 교과서나 문제집에서 찾아보게 하거나 일상 속에서 예를 찾아보라고 할 수도 있습니다.

1.

어떤 자료들의 값을 모두 더한 다음 자료 전체의 수로 나눈 값을 평균이라고 합니다.
(평균) = (자료의 값을 모두 더한 수)÷(자료의 수)
예를 들어 세 비커에 담겨 있는 물의 양이 각각 200mL, 300mL, 100mL일 때, 비커 속 물의 양의 평균은 $\frac{200+300+100}{3}=\frac{600}{3}$ $=200$(mL)입니다.
평균은 자료들을 대표하는 값으로 이용할 수 있습니다.

2.

어떠한 상황에서 특정한 일이 일어나길 기대할 수 있는 정도를 가능성이라 하며, 수로 표현하면 다음과 같습니다.
0: 불가능하다
$\frac{1}{2}$: 반반이다
1: 확실하다

3.

'불가능하다'는 가능성이 0인 일을 뜻합니다. 눈의 수가 1부터 6까지 있는 주사위를 굴렸을 때, 주사위 눈의 수가 7 이상으로 나올 가능성은 0입니다.
'반반이다'는 가능성이 $\frac{1}{2}$인 일을 뜻합니다. 눈의 수가 1부터 6까지 있는 주사위를 굴렸을 때, 주사위 눈의 수가 홀수로 나올 가능성은 $\frac{1}{2}$입니다.
'확실하다'는 가능성이 1인 일을 뜻합니다. 눈의 수가 1부터 6까지 있는 주사위를 굴렸을 때, 주사위 눈의 수가 1 이상 6 이하로 나올 가능성은 1입니다.

단원별 심화

1단원 수의 범위와 어림하기 • 12쪽~13쪽

가1. 621 **가2.** 649

가1. 단계별 힌트

단계	힌트
1단계	예제 풀이를 복습합니다.
2단계	백의 자리까지 나타내기 위해 올림하는 방법은 무엇입니까?
3단계	초과와 이하의 개념을 이용해 봅니다.

어떤 자연수를 □라 하고 식을 세워 봅니다.
□에 5를 곱한 후 100을 더한 수는 $5\times\square+100$입니다.
올림하여 3300이 되는 수는 3201 이상 3300 이하입니다. 5의 배수로 표현하기 위해 3200 초과 3300 이하로 부등식을 씁니다.
$3200<5\times\square+100\leq3300$
$\rightarrow 3100<5\times\square\leq3200$
$\rightarrow 620<\square\leq640$
□에 들어갈 수 있는 자연수는 620 초과 640 이하입니다.
따라서 □에 들어갈 수 있는 가장 작은 자연수는 621입니다.

가2. 단계별 힌트

단계	힌트
1단계	예제 풀이를 복습합니다.
2단계	백의 자리까지 나타냈다면, 어떤 자리에서 반올림한 것일까요?
3단계	이상과 미만을 이용해서 나타냅니다.

어떤 자연수를 □라 하고 식을 세워 봅니다.
□에 5를 곱한 후 100을 더한 수는 $5\times\square+100$입니다.
반올림하여 백의 자리까지 나타냈다는 것은 십의 자리에서 반올림했다는 뜻입니다. 십의 자리에서 반올림하여 3300이 되는 수는 3250 이상 3349 이하입니다. 5의 배수로 표현하기 위해 3250 이상 3350 미만으로 부등식을 씁니다.
$3250\leq5\times\square+100<3350$
$\rightarrow 3150\leq5\times\square<3250$
$\rightarrow 630\leq\square<650$
□에 들어갈 수 있는 자연수는 630 이상 650 미만입니다.
따라서 □에 들어갈 수 있는 가장 큰 자연수는 649입니다.

2단원 분수의 곱셈

• 16쪽~23쪽

가1. $2\frac{14}{15}$ **가2.** $1\frac{2}{15}$km **나1.** 50명
나2. 256명 **다1.** $3\frac{3}{5}$cm **다2.** 275km
라1. 210명
라2. 욕조 50cm, 긴 막대 75cm, 짧은 막대 60cm

가1.

단계별 힌트

1단계	예제 풀이를 복습합니다.
2단계	$2\frac{2}{5}$와 $3\frac{1}{3}$ 사이를 7등분하려면 식을 어떻게 세워야 합니까?
3단계	□가 몇 번째 칸입니까?

$2\frac{2}{5}$와 $3\frac{1}{3}$ 사이의 거리는 큰 수에서 작은 수를 빼서 구합니다.

$3\frac{1}{3}-2\frac{2}{5}=\frac{10}{3}-\frac{12}{5}=\frac{50}{15}-\frac{36}{15}=\frac{14}{15}$

7등분된 1칸의 거리는 $\frac{14}{15}\times\frac{1}{7}=\frac{2}{15}$입니다.

따라서 7등분된 4칸의 거리는 $\frac{2}{15}\times4=\frac{8}{15}$입니다.

□를 구하기 위해 $2\frac{2}{5}$에 7등분된 4칸의 거리를 더합니다.

$2\frac{2}{5}+\frac{8}{15}=2\frac{6}{15}+\frac{8}{15}=2\frac{14}{15}$

가2.

단계별 힌트

1단계	수직선에 집, 중국집, 초밥집, 정육점의 위치를 그려 봅니다.
2단계	집에서 정육점까지의 거리의 $\frac{7}{8}$은 몇 km입니까?
3단계	중국집과 초밥집 사이의 거리를 구하는 식을 세워 봅니다.

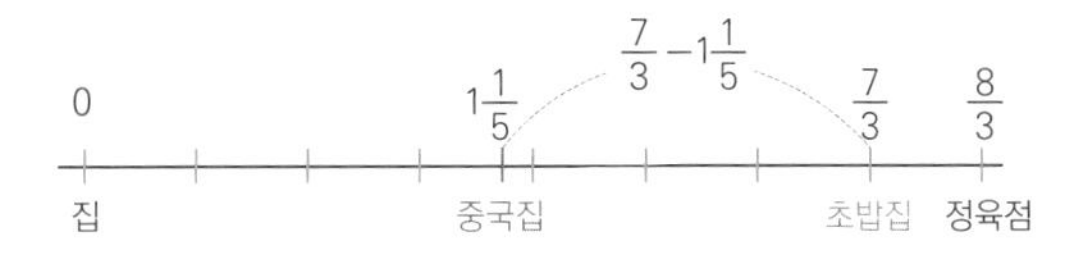

집에서 중국집을 거쳐 정육점까지의 전체 거리는 집에서 중국집까지의 거리와 중국집에서 정육점까지의 거리를 더하면 나옵니다.

$1\frac{1}{5}+1\frac{7}{15}=\frac{18}{15}+\frac{22}{15}=\frac{40}{15}=\frac{8}{3}$(km)

집에서 초밥집까지의 거리는 $\frac{8}{3}$km의 $\frac{7}{8}$이므로 $\frac{8}{3}\times\frac{7}{8}=\frac{7}{3}$(km)입니다.

중국집에서 초밥집까지의 거리는 집에서 초밥집까지의 거리에서 집에서 중국집까지의 거리를 빼면 나옵니다.

$\frac{7}{3}-1\frac{1}{5}=\frac{35}{15}-\frac{18}{15}=\frac{17}{15}=1\frac{2}{15}$(km)

나1.

단계별 힌트

1단계	예제 풀이를 복습합니다.
2단계	남학생과 여학생의 차이를 분수로 써 봅니다.
3단계	차이를 분수로 적었다면, 실제 수와의 관계를 생각해 봅니다.

남학생이 전체의 $\frac{2}{5}$이므로 여학생은 전체의 $\frac{3}{5}$입니다.

따라서 (여학생)−(남학생)$=\frac{3}{5}-\frac{2}{5}=\frac{1}{5}$입니다.

전체의 $\frac{1}{5}$이 10명이므로, $\frac{5}{5}$는 50입니다.

우리 반 전체 학생의 수는 50명입니다.

나2.

단계별 힌트

1단계	동물원에 간 학생의 수부터 구해야 하기 때문에, 동물원에 간 학생의 수를 1이라고 놓고 계산해 봅니다.
2단계	자가용을 타고 간 학생이 동물원에 간 학생 전체의 $\frac{3}{4}$이라면, 버스를 타고 간 학생의 수는 분수로 어떻게 쓸 수 있습니까?
3단계	분수와 실제 수치가 주어졌을 때는 분자가 1인 단위분수로 써 보는 게 편합니다.

1. 동물원에 간 학생 중 자가용을 타고 간 학생은 전체의 $\frac{3}{4}$이므로 버스를 타고 간 학생은 전체의 $\frac{1}{4}$입니다. 버스를 타고 간 학생이 40명이므로, 동물원에 간 학생의 $\frac{1}{4}$은 40명입니다. 따라서 동물원에 간 전체 학생 수는 160명입니다.
2. 5학년 전체 학생의 $\frac{5}{8}$가 160명이므로, $\frac{1}{8}$은 32명입니다. 따라서 5학년 전체 학생 수는 $32\times8=256$명입니다.

다1.

단계별 힌트

1단계	예제 풀이를 복습합니다.
2단계	초 단위를 분 단위로 써 봅니다. 24초는 몇 분입니까?
3단계	1분 동안 타는 양초의 길이에 모두 타는 데 걸리는 시간을 곱하면 전체 양초의 길이가 나옵니다.

24초를 분으로 고치면 $\frac{24}{60}=\frac{2}{5}$(초)입니다.

따라서 8분 24초는 $8\frac{2}{5}=\frac{42}{5}$(초)입니다.

양초의 길이는 (1분 동안 타는 양초의 길이)×(모두 타는 데 걸리는 시간)입니다.

즉 $\frac{3}{7}\times\frac{42}{5}=\frac{18}{5}=3\frac{3}{5}$(cm)

다2. 단계별 힌트

1단계	분 단위를 시 단위로 써 봅니다. 1시간 12분은 몇 시간입니까?
2단계	기차가 1시간 12분 동안 120km를 달린다면, 1시간 동안 몇 km를 달립니까?
3단계	분수와 실제 수치와의 관계를 분석할 때는 분자가 1인 단위분수로 써 보는 게 편합니다.

1시간 12분을 분수로 나타내면 $1\frac{1}{5}=\frac{6}{5}$(시간)입니다.

$\frac{6}{5}$시간 동안 120km를 달리므로 $\frac{1}{5}$시간 동안 20km를 달립니다. 따라서 1시간 동안 100km를 달립니다.

한편 2시간 45분을 분수로 나타내면 $2\frac{3}{4}=\frac{11}{4}$(시간)입니다. 1시간 동안 100km를 달리므로 $\frac{11}{4}$시간 동안 $100\times\frac{11}{4}=275$(km)를 달립니다.

팁

$100\times\frac{11}{4}=275$라는 식을 납득하기 어려워하면, 그림을 그려 왜 이 식이 성립하는지 확인합니다.

$\frac{11}{4}$시간을 막대로 나타냅니다.

(분모가 4이므로 4칸, 한 칸당 $\frac{1}{4}$시간)

1시간 동안 100km를 달리므로 1칸에 25km를 달립니다.

25	25	25	25	25	25	25	25	25	25	25	

$25\times11=275$(km)입니다.

라1. 단계별 힌트

1단계	예제 풀이를 복습합니다.
2단계	분자의 숫자를 똑같이 만들려면 $\frac{3}{7}$과 $\frac{1}{5}$ 중 어떤 분수를 고치는 게 좋겠습니까?
3단계	그림으로 그려 본다면, 전체 학생 수는 몇 칸입니까?

분자를 똑같은 숫자로 만들어 봅니다. 남학생의 $\frac{3}{7}$과 분자를 같게 만들기 위해, 여학생의 분수를 고칩니다. $\frac{1}{5}=\frac{3}{15}$입니다. 이를 그림으로 그려 봅니다.

남학생

여학생

전체 학생은 22칸이고 660명입니다. (1칸당 30명)

남학생은 전체 인원의 $\frac{7}{22}$이므로 $660\times\frac{7}{22}=210$(명)입니다.

라2. 단계별 힌트

1단계	같은 깊이의 물에 똑같이 막대를 집어넣었습니다. 따라서 두 막대가 물에 잠긴 길이는 똑같습니다.
2단계	분자의 숫자를 똑같이 만들려면 $\frac{2}{3}$와 $\frac{5}{6}$ 중 어떤 분수를 고치는 게 좋겠습니까? 혹은 둘 다 고쳐야 하겠습니까? (1학기 때 배운 최소공배수의 개념을 떠올립니다.)
3단계	그림으로 그려 본다면, 1칸은 몇 cm입니까?

분자를 똑같이 만들기 위해 각 분자인 2와 5의 최소공배수인 10으로 만듭니다.

긴 막대는 $\frac{2}{3}=\frac{10}{15}$이고, 짧은 막대는 $\frac{5}{6}=\frac{10}{12}$입니다.

이를 그림으로 그려 봅니다.

짧은 막대

긴 막대

그림에서 긴 막대와 짧은 막대는 3칸만큼 차이 납니다. 두 막대의 실제 길이 차이는 15cm이므로, 1칸의 길이는 5cm입니다.

따라서 짧은 막대와 긴 막대는 10칸인 50cm만큼 물속에 들어갔습니다. 이는 욕조의 깊이와 같으므로, 욕조의 깊이는 50cm입니다.

긴 막대는 15칸이므로 75cm, 짧은 막대는 12칸이므로 60cm입니다.

3단원 합동과 대칭

• 26쪽~31쪽

가1. 60° **가2.** 20° **나1.** 36cm **나2.** 80cm^2

다1. 120° **다2.** 20cm^2

가1. 단계별 힌트

1단계	합동인 두 도형은 대응변의 길이가 같습니다.
2단계	"삼각형 ㄱㄴㄷ을 잘 봐. 무슨 삼각형이지?"
3단계	정사각형은 한 각의 크기가 90°입니다. 이를 이용해 각 ㄹㄱㄷ과 각 ㄹㄷㄱ의 크기를 구할 수 있습니다.

1. 두 정사각형은 합동이므로 선분 ㄴㄱ과 선분 ㄴㄷ의 길이는 같습니다. 따라서 삼각형 ㄱㄴㄷ은 두 변의 길이가 같은 이등변삼각형입니다.
2. 삼각형 ㄱㄴㄷ은 이등변삼각형이고, 두 밑각인 각 ㄴㄱㄷ과 각 ㄴㄷㄱ의 크기가 같습니다. 따라서 각 ㄴㄱㄷ과 각 ㄴㄷㄱ의 크기는 (180° − 60°)÷2 = 60°입니다.
3. (각 ㄹㄱㄷ) = (각 ㄹㄱㄴ) − (각 ㄴㄱㄷ) = 90° − 60° = 30°
4. (각 ㄹㄷㄱ) = (각 ㄹㄷㄴ) − (각 ㄴㄷㄱ) = 90° − 60° = 30°
5. (각 ㄱㄹㄷ) = 180° − (각 ㄹㄱㄷ) − (각 ㄹㄷㄱ) = 180° − 30°

$-30° = 120°$
6. 따라서 ㉠ $= 180° - 120° = 60°$입니다.

가2. 단계별 힌트

1단계	합동인 두 도형은 대응각의 크기가 같습니다.
2단계	직각삼각형의 한 각은 90°입니다.
3단계	각 ㅂㄷㄹ과 각 ㅂㄹㄷ의 크기의 합은 몇입니까? 삼각형의 외각의 성질을 이용해 봅니다.

합동인 두 삼각형이므로 대응각의 크기가 같습니다.
1. (각 ㅁㄹㄷ)=(각 ㄴㄱㄷ)=30°입니다.
2. 삼각형의 외각의 성질에 따라 (각 ㅂㄷㄹ)+(각 ㅂㄹㄷ)=(각 ㅁㅂㄷ)입니다.
→ (각 ㅂㄷㄹ)+30°=50°
따라서 (각 ㅂㄷㄹ)=50°-30°=20°
3. (각 ㅁㄷㅂ)=(각 ㅁㄷㄹ)-(각 ㅂㄷㄹ)=90°-20°=70°
4. (각 ㄴㄷㅁ)=(각 ㄴㄷㅂ)-(각 ㅁㄷㅂ)=90°-70°=20°

나1. 단계별 힌트

1단계	점 ㅇ을 기준으로 대응점들을 찾아봅니다.
2단계	대응변의 길이는 같다는 사실을 이용해 알 수 있는 길이를 그림에 나타내 봅니다.
3단계	각 대응점부터 대칭의 중심까지의 길이는 같습니다.

대응점을 찾고, 대응변의 길이를 구합니다.
(선분 ㄱㄴ)=(선분 ㅁㄹ)=4(cm),
(선분 ㄴㄷ)=(선분 ㅂㅁ)=8(cm)입니다.
각 대응점부터 대칭의 중심까지의 길이는 같으므로
(선분 ㅇㅂ)=(선분 ㅇㄷ)=1(cm)입니다.
그러므로 (선분 ㅂㄷ)=2(cm)입니다.
따라서 (선분 ㄱㅂ)=8-2=6(cm)이고,
선분 ㄷㄹ 역시 같은 방법으로 6cm임을 알 수 있습니다.
따라서 도형 ㄱㄴㄷㄹㅁㅂ의 둘레의 길이는
4+4+8+8+6+6=36(cm)

나2. 단계별 힌트

1단계	선분 ㄹㅂ의 길이는 선분 ㄴㅂ의 길이의 몇 배입니까?
2단계	높이가 같은 두 삼각형의 넓이는 밑변의 길이가 결정합니다. 예를 들어 밑변이 절반이면 넓이도 절반이 됩니다.
3단계	삼각형 ㄴㄷㄹ의 넓이는 몇 cm^2입니까?

1. 점대칭도형은 각각의 대응점에서 대칭의 중심까지의 거리가 같습니다.
따라서 선분 ㅇㅁ과 선분 ㅇㅂ의 길이가 같습니다.
2. (선분 ㅁㅂ의 길이)=(선분 ㅁㅇ의 길이)+(선분 ㅂㅇ의 길이)이므로 (선분 ㅁㅇ의 길이)×2라고 할 수 있습니다.
3. (선분 ㄴㅁ의 길이)=(선분 ㄹㅂ의 길이)=(선분 ㅁㅇ의 길이)×2이고, 이는 선분 ㅁㅂ의 길이와 같습니다.
즉 (선분 ㄴㅁ의 길이)=(선분 ㅁㅂ의 길이)=(선분 ㄹㅂ의 길이)
4. 삼각형 ㄴㄷㄹ의 넓이는 $20\times12\div2=120(cm^2)$입니다.
5. 삼각형 ㄴㄷㅂ은 삼각형 ㄴㄷㄹ와 높이가 같고, 밑변의 길이가 선분 ㄴㄹ의 $\frac{2}{3}$(선분 ㄴㅂ)입니다.
따라서 (삼각형 ㄴㄷㅂ의 넓이)=(삼각형 ㄴㄷㄹ의 넓이)$\times\frac{2}{3}$
$=120\times\frac{2}{3}=80(cm^2)$

다1. 단계별 힌트

1단계	예제 풀이를 복습합니다.
2단계	접히기 전 부분과 접힌 부분이 똑같은 모양의 선대칭도형이라는 사실을 이용합니다.
3단계	도형에 대응각과 대응변을 모두 표시해 봅니다.

1. 접은 부분과 접힌 부분은 모양이 똑같으므로 (각 ㄹㅁㄷ)=(각 ㅂㅁㄷ)
→ (각 ㄱㅁㅂ)=180°-(65°+65°)=50°
2. 사각형 ㄱㄴㄷㄹ이 정사각형이므로, 삼각형 ㅁㄷㄹ에서 각 ㅁㄹㄷ는 직각입니다.
→ (각 ㅁㄷㄹ)=180°-90°-65°=25°
또한 삼각형 ㄷㅁㅂ과 삼각형 ㄷㅁㄹ은 서로 모양이 같으므로 (각 ㅁㄷㄹ)=(각 ㅁㄷㅂ)=25°
3. (각 ㅂㄷㄴ)=(각 ㄹㄷㄴ)-(각 ㄹㄷㅁ)-(각 ㅁㄷㅂ)이므로
(각 ㅂㄷㄴ)=90°-25°-25°=40°
4. 사각형 ㄱㄴㄷㄹ이 정사각형이므로 변 ㄴㄷ과 변 ㄷㄹ의 길이가 같습니다. 또한 또한 삼각형 ㄷㅁㅂ과 삼각형 ㄷㅁㄹ은 서로 모양이 같으므로 변 ㄷㄹ과 변 ㄷㅂ은 길이가 같습니다. 따라서 삼각형 ㄷㅂㄴ은 변 ㄴㄷ과 변 ㄷㅂ의 길이가 같은 이등변삼각형입니다.
따라서 (각 ㄴㅂㄷ)=(각 ㅂㄴㄷ)=(180°-40°)÷2=70°
5. (각 ㄱㅁㅂ)+(각 ㅂㄴㄷ)=50°+70°=120°

다2. 단계별 힌트

1단계	접히기 전 부분과 접힌 부분은 선분 ㄱㄷ을 대칭축으로 하는 선대칭도형입니다. 접히기 전 부분과 접힌 부분은 모양과 크기가 똑같고, 넓이도 같습니다.
2단계	(삼각형 ㄱㅁㄷ의 넓이)=(삼각형 ㄱㄷㄹ의 넓이)=(삼각형 ㄱㄴㄷ의 넓이)
3단계	삼각형 ㄱㅂㄷ을 중심에 놓고 생각합니다. 삼각형 ㄱㄴㄷ과 삼각형 ㄱㅁㄷ은 삼각형 ㄱㅂㄷ을 공유합니다.

접힌 부분과 접은 부분은 똑같은 모양이므로 넓이가 같습니다.
따라서 (삼각형 ㄱㅁㄷ의 넓이)=(삼각형 ㄱㄷㄹ의 넓이)
=(삼각형 ㄱㄴㄷ의 넓이)입니다.
삼각형 ㅂㅁㄷ의 넓이는 삼각형 ㄱㅁㄷ의 넓이에서
삼각형 ㄱㅂㄷ의 넓이를 빼면 나옵니다.
그런데 (삼각형 ㄱㅁㄷ의 넓이)=(삼각형 ㄱㄴㄷ의 넓이)입니다.
따라서 삼각형 ㄱㄴㄷ의 넓이에서 삼각형 ㄱㅂㄷ의 넓이를 빼면 삼각형 ㅂㅁㄷ의 넓이가 나옵니다.
삼각형 ㄱㄴㄷ에서 삼각형 ㄱㅂㄷ을 빼면 삼각형 ㄱㄴㅂ이 나옵니다.
따라서 (삼각형 ㅂㅁㄷ의 넓이)=(삼각형 ㄱㄴㅂ의 넓이)
$=8\times5\div2=20(cm^2)$

4단원 소수의 곱셈

• 34쪽~39쪽

가1. 49개 **가2.** 88자리
나1. 반대 방향으로 돌다가 만날 때: 20분,
같은 방향으로 돌다가 만날 때: 180분
나2. 반대 방향으로 돌다가 만날 때: 30분,
같은 방향으로 돌다가 만날 때: 150분
다1. 0.9kg **다2.** 0.5kg

가1. 단계별 힌트

1단계	예제 풀이를 복습합니다.
2단계	끝자리 0의 개수는 곱해진 10의 개수가 결정하고, 곱해진 10의 개수는 곱해진 5의 개수가 결정합니다.
3단계	$1\times2\times3\times4\times\cdots\times199\times200$까지 5가 몇 번 곱해집니까? 계산하는 팁을 떠올려 봅니다.

끝자리 0의 개수는 곱해진 10의 개수가 결정하고, 곱해진 10의 개수는 곱해진 5의 개수가 결정합니다. 따라서 $1\times2\times3\times4\times\cdots\times199\times200$까지 5가 몇 번 곱해지는지 알아봅니다.

① 200을 5로 나누기	40…0
② ①의 몫인 40을 5로 나누기	8…0
③ ②의 몫인 8을 5로 나누기	1…3
④ 몫을 더 이상 나눌 수 없으면 종료	
$1\times2\times3\times4\times\cdots\times199\times200$ 속 5의 개수: 40+8+1=49(개)	

5가 49번 곱해지므로 10이 49번 곱해진다는 걸 알 수 있습니다.
따라서 끝자리부터 연속한 0의 개수는 49개입니다.

가2. 단계별 힌트

1단계	예제 풀이를 복습합니다.
2단계	끝자리 0의 개수는 곱해진 10의 개수가 결정하고, 곱해진 10의 개수는 곱해진 5의 개수가 결정합니다.
3단계	$1\times2\times3\times4\times\cdots\times48\times49$까지 5가 몇 번 곱해집니까? 계산하는 팁을 떠올려 봅니다.

1. 자연수의 곱을 이용해 계산하기 위해 $1\times2\times3\times4\times\cdots\times48\times49$를 계산해 봅니다. 끝자리 0의 개수는 곱해진 10의 개수가 결정하고, 곱해진 10의 개수는 곱해진 5의 개수가 결정합니다. 따라서 $1\times2\times3\times4\times\cdots\times48\times49$까지 5가 몇 번 곱해지는지 알아봅니다.

① 49를 5로 나누기	9…4
② ①의 몫인 9를 5로 나누기	1…4
④ 몫을 더 이상 나눌 수 없으면 종료	
$1\times2\times3\times4\times\cdots48\times49$ 속 5의 개수: 9+1=10(개)	

5가 10번 곱해지므로 10이 10번 곱해진다는 걸 알 수 있습니다.
따라서 끝자리부터 연속한 0의 개수는 10개입니다.
2. $0.01\times0.02\times0.03\times\cdots\times0.48\times0.49$는 소수 두 자리 수를 49개 곱했으므로($2\times49=98$) 소수의 자리 수는 98자리입니다. 그런데 끝자리부터 연속한 10개의 0은 사라집니다. 따라서 98자리에서 10자리를 뺀 88자리가 최종 자리 수입니다.

나1. 단계별 힌트

1단계	예제 풀이를 복습합니다.
2단계	반대 방향으로 돌다가 만날 경우 2명이 움직인 거리의 합이 호수 1바퀴입니다. 1분 동안 2명이 움직이는 거리를 기준으로 식을 세워 봅니다.
3단계	같은 방향으로 돌다가 만날 경우 2명이 움직인 거리의 차가 호수 1바퀴입니다. 1분 동안 2명이 움직이는 거리를 기준으로 식을 세워 봅니다. 거리의 차가 호수 1바퀴가 되는 시점을 구해 봅니다.

1. 반대 방향으로 돌다가 만날 때
1분 동안 대환이와 연재가 움직인 거리의 합이
500+400=900(m)입니다. 18(km)=18000(m)이므로, 둘이 만나는 데 걸리는 시간은 18000÷900=20(분)입니다.
2. 같은 방향으로 돌다가 만날 때
대환이가 연재보다 1분 동안 100m를 더 뜁니다. 따라서 1분 동안 생기는 둘의 거리의 차는 100m입니다. 둘이 만나기 위해서는 대환이가 연재를 1바퀴 따라 잡아야 하므로 둘이 만나는 데 걸리는 시간은 18000÷100=180(분)입니다.

나2. 단계별 힌트

1단계	반대 방향으로 돌다가 만날 경우, 2명이 움직인 거리의 합이 호수 1바퀴가 되어야 하는 게 맞습니까? 둘이 만나기 위해서 몇 미터를 뛰어야 하는지 생각해 봅니다.
2단계	대환이가 10분 먼저 출발해 3000미터를 먼저 뛰었으므로, 연재와 만나기 위해서는 둘이 움직인 거리가 15000미터가 되어야 합니다.
3단계	같은 방향으로 돌다가 만날 경우, 대환이는 연재를 몇 미터 따라잡아야 합니까?

운동장의 길이는 18(km) = 18000(m)입니다. 또한 대환이가 10분 먼저 출발했으므로 300×10 = 3000(m)를 이미 달렸습니다. 이를 염두에 두고 문제를 풉니다.

1. 반대 방향으로 돌다가 만날 때
대환이와 연재가 만나려면 운동장 1바퀴에서 대환이가 이미 달린 3000m를 뺀 18000 - 3000 = 15000(m)를 달리면 됩니다.
10분 후 연재와 대환이가 동시에 달리면 둘이 움직인 거리의 합은 1분에 300+200 = 500(m)입니다. 따라서 연재가 출발하고 둘이 만나는 데 걸리는 시간은 15000÷500 = 30(분)입니다.

2. 같은 방향으로 돌다가 만날 때
대환이가 연재보다 빠르므로 대환이가 연재를 따라잡아야 합니다. 대환이가 연재를 따라잡으려면 운동장 1바퀴에서 대환이가 이미 달린 3000m를 뺀 18000 - 3000 = 15000(m)를 따라잡으면 됩니다.
연재가 출발하여 달리기 시작하면, 1분 동안 둘의 거리의 차는 300 - 200 = 100(m)입니다. 따라서 둘이 만나는 데 걸리는 시간은 15000÷100 = 150(분)입니다.

다1. 단계별 힌트

1단계	예제 풀이를 복습합니다.
2단계	전체 병의 무게에서 물 300mL를 마신 후의 병의 무게를 빼면 물 300mL의 무게를 구할 수 있습니다.
3단계	빈 병의 무게는 전체 병의 무게에서 물의 무게를 빼서 구합니다.

물 300mL의 무게는 2.4 - 2.1 = 0.3(kg)입니다. 물 1.5L는 1500mL이므로, 물 1.5L의 무게는 0.3×5 = 1.5(kg)입니다.
따라서 빈 병의 무게는 2.4 - 1.5 = 0.9(kg)입니다.

다2. 단계별 힌트

1단계	예제 풀이를 복습합니다.
2단계	전체 병의 무게에서 콩기름 400mL를 덜어 낸 병의 무게를 빼면 콩기름 400mL의 무게를 구할 수 있습니다.
3단계	빈 병의 무게는 전체 병의 무게에서 콩기름의 무게를 빼서 구합니다.

콩기름 400mL의 무게는 3.2 - 2.3 = 0.9(kg)입니다. 콩기름 1.2L는 1200mL이므로, 콩기름 1.2L의 무게는 0.9×3 = 2.7(kg)입니다.
따라서 빈 병의 무게는 3.2 - 2.7 = 0.5(kg)입니다.

5단원 직육면체

• 42쪽~43쪽

가1. 두 가지 **가2.** 1) 면 ㉯ 2) 점 ㄱ, 점 ㅈ

가1. 단계별 힌트

1단계	예제 풀이를 복습합니다.
2단계	직접 그림을 그려서 확인해 봅니다.
3단계	정사각형을 붙일 수 없는 위치부터 확인합니다.

전개도에서 정사각형을 붙일 수 있는 부분은 다음과 같습니다.

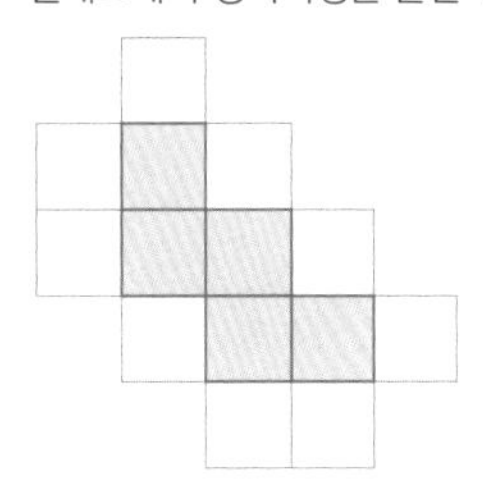

한 꼭짓점에서 3개의 면이 만나야 하므로, 4개의 면이 만나는 다음의 위치에는 정사각형을 붙일 수 없습니다.

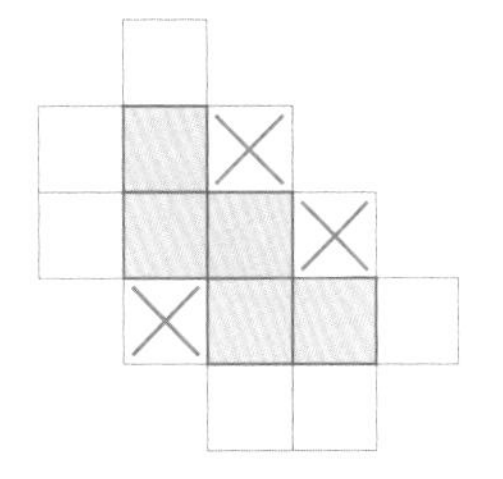

나머지 위치에 정사각형 하나를 붙여 보면 다음과 같습니다.

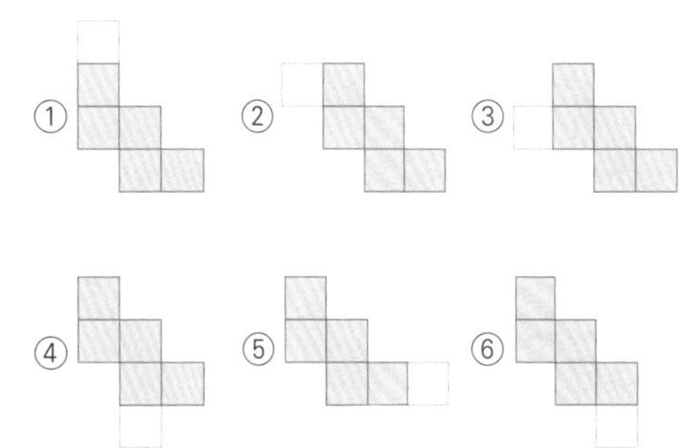

그런데 ①과 ⑤, ②와 ⑥, ③과 ④는 돌리거나 뒤집었을 때 서로 모양이 같습니다. 한편 ①과 ⑤는 접었을 때 두 면이 겹칩니다.
따라서 정육면체의 전개도를 완성하는 방법은 다음의 두 가지입니다.

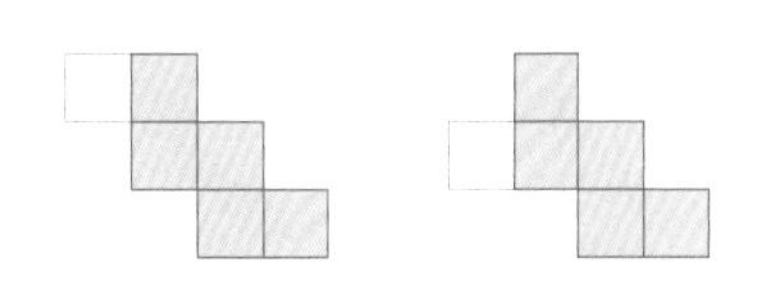

가2. 단계별 힌트

1단계	예제 풀이를 복습합니다.
2단계	직접 오리거나 그려서 확인합니다.

전개도에서 서로 마주 보는 면을 같은 색으로 표시하고, 전개도에서 점 ㅍ과 만나는 점을 연결하면 다음과 같습니다.

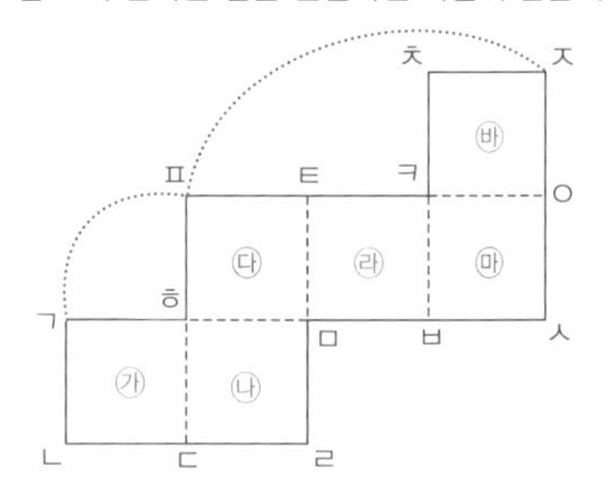

1) 면 ㉳와 마주 보는 면은 면 ㉯입니다.
2) 점 ㅍ과 만나는 점은 점 ㄱ, 점 ㅈ입니다.

6단원 평균과 가능성

• 46쪽~47쪽

가1. 남학생: 6명, 여학생: 24명
가2. 남학생: 24명, 여학생: 6명, 반 전체 평균: 74점

가1. 단계별 힌트

1단계	예제 풀이를 복습합니다.
2단계	남학생 수를 □라고 놓고 식을 세워 봅니다.
3단계	평균이 오를 때 전체 총점이 얼마나 늘어납니까?

남학생의 수를 □라 하면, 남학생 점수의 평균만 10점이 오르면 전체 총점은 10×□(점)이 오르게 됩니다. 평균이 72점일 때 전체 총점은 72×30=2160(점)이고, 평균이 70점일 때 전체 총점은 70×30=2100(점)입니다.
두 전체 총점의 차이는 10×□입니다.
따라서 10×□=2160−2100=60이므로 10×□=60입니다. 즉 □=6입니다.
전체 반 학생 수는 30명이므로 여학생의 수는 24명입니다.

가2. 단계별 힌트

1단계	예제 풀이를 복습합니다.
2단계	남학생 수를 □, 여학생의 수를 △, 전체 총점을 ○라고 놓고 식을 세워 봅니다.
3단계	평균이 오를 때 전체 총점이 얼마나 늘어납니까?

준혁이네 반 남학생의 수를 □, 여학생의 수를 △, 전체 총점을 ○라 합니다.
남학생의 평균이 10점이 오르면 전체 총점은 10×□만큼 늘어나 82×30=2460(점)이 됩니다.
즉 ○+10×□=2460
여학생의 평균이 10점이 오르면 전체 총점은 10×△만큼 늘어나 76×30=2280(점)이 됩니다.
즉 ○+10×△=2280
두 식을 서로 빼면 (○+10×□)−(○+10×△)=2460−2280입니다.
→ (10×□)−(10×△)=180
→ □−△=18
그런데 □+△=30이므로 □=24, △=6입니다.
즉 남학생은 24명이고, 여학생은 6명입니다.
위에서 세운 식에 남학생의 수를 넣어 전체 총점을 구합니다.
○+10×24=2460
→ ○+240=2460
→ ○=2220(점)
따라서 전체 평균은 2220÷30=74(점)입니다.

심화종합

①세트

• 50쪽~53쪽

1. 6901만 원 **2.** $\frac{2}{7}$ **3.** 50° **4.** 1500g
5. 48cm **6.** 6cm **7.** 20분 **8.** 100cm^2

1 단계별 힌트

1단계	올림하여 백의 자리까지 나타내려면 어떻게 해야 합니까?

2단계	올림하여 7000이 되는 자연수는 몇부터 몇까지입니까?
3단계	판매액의 최소를 구해야 하므로 구매한 사람이 가장 적은 경우를 생각해 봅니다.

올림하여 백의 자리까지 나타내면 7000이 되는 수의 범위는 6900 초과 7000 이하입니다. 즉 텀블러를 구매한 사람의 수는 최소 6901명입니다.
텀블러의 판매가가 1만 원이므로, 최소 판매액은 최소 사람 수에 텀블러의 가격을 곱한 $6901\times10000=69010000$(원)입니다.

2 단계별 힌트

1단계	전체 학생 중 자전거를 탈 수 있는 남학생의 수를 구하는 식은 어떻게 세웁니까?
2단계	전체를 1로 두면, 전체의 $\frac{○}{□}$에 속하지 않는 나머지는 $(1-\frac{○}{□})$로 쓸 수 있습니다.

전체 학생 중 남학생의 수는 $\frac{4}{7}$고, 그 중 자전거를 탈 수 있는 남학생은 남학생의 $\frac{3}{4}$입니다. 따라서 전체 학생 중 자전거를 탈 수 있는 남학생의 수는 $\frac{4}{7}\times\frac{3}{4}=\frac{3}{7}$으로 계산할 수 있습니다.
자전거를 탈 수 있는 남학생 중 스케이트보드를 탈 수 있는 학생은 $\frac{1}{3}$입니다. 그렇다면 자전거를 탈 수 있는 남학생 중 스케이트보드를 타지 못하는 남학생의 수는 $\frac{2}{3}$입니다. $(1-\frac{1}{3}=\frac{2}{3})$
따라서 전체 학생 중 자전거를 탈 수 있는데 스케이트보드는 타지 못하는 남학생은 전체 학생 중 $\frac{3}{7}\times\frac{2}{3}=\frac{2}{7}$입니다.

3 단계별 힌트

1단계	구할 수 있는 각을 모두 구해서 도형에 표시해 봅니다.
2단계	삼각형의 세 각의 크기의 합은 180°입니다.
3단계	합동인 두 도형은 대응각의 크기가 같습니다.

삼각형 세 각의 크기의 합은 180°이므로 삼각형 ㄱㄴㄷ에서 (각 ㄱㄷㄴ)$=180°-140°-15°=25°$입니다.
삼각형 ㄱㄴㄷ과 삼각형 ㄷㄹㄱ은 합동이므로 (각 ㄱㄷㄴ)=(각 ㄷㄱㄹ)$=25°$입니다. 따라서 각 ㄴㄱㄹ의 크기는 각 ㄷㄱㄴ의 크기인 140°에서 각 ㄷㄱㄹ의 크기인 25°를 뺀 115°입니다.
따라서 삼각형 ㄱㄴㅁ에서 각 ㉠의 크기는 $180°-115°-15°=50°$입니다.

4 단계별 힌트

1단계	전체를 1로 두었기 때문에, 0.25에 속하지 않는 나머지는 전체의 $1-0.25$입니다.
2단계	○의 0.8만큼은 ○×0.8이고, ○의 0.2만큼은 ○×0.2입니다.

무르지 않은 귤은 전체의 $1-0.25=0.75$이므로 $10\times0.75=7.5$(kg)입니다.
냉장고에 넣은 귤은 이 중 $1-0.8=0.2$이므로 $7.5\times0.2=1.5$(kg)입니다.
1kg=1000g이므로 1.5(kg)=1500(g)입니다.

5 단계별 힌트

1단계	정육면체는 모든 모서리의 길이가 같습니다.
2단계	나무토막을 늘릴 수 없습니다. 그렇다면 최대한 크게 만들기 위해서는 한 모서리의 길이를 어떤 길이에 맞추어야 합니까?

정육면체는 정사각형 6개로 둘러싸인 도형입니다. 즉 모서리의 길이가 모두 같습니다. 따라서 직육면체의 모든 모서리의 길이를 같게 만들면 정육면체가 됩니다. 정육면체를 최대한 크게 만들려면 나무토막의 가장 짧은 모서리인 4cm를 모서리의 길이로 정해야 합니다.
따라서 직육면체 모양의 나무토막을 잘라서 만들 수 있는 가장 큰 정육면체의 한 모서리의 길이는 4cm이며, 정육면체의 모서리는 12개이므로 모든 모서리의 길이의 합은 $4\times12=48$(cm)입니다.

6 단계별 힌트

1단계	첫 번째 학생의 키가 가장 작습니다. 첫 번째 학생의 키를 □라고 놓고 다른 학생의 키를 표현해 봅니다.
2단계	평균을 구하는 공식은 (평균)=(자료의 값을 모두 더한 수)÷(자료의 수)입니다.
3단계	공식을 세우는 것이 어려우면, 4명의 키 차이를 그림으로 나타내 봅니다.

첫 번째 학생의 키를 □라고 놓고 두 번째, 세 번째, 네 번째 학생의 키를 구하면 다음과 같이 표현할 수 있습니다.

학생	키
첫 번째	□
두 번째	□+4
세 번째	□+4+2=□+6
네 번째	□+6+8=□+14

네 학생의 키의 합은 다음과 같습니다.
(□)+(□+4)+(□+6)+(□+14)
=(□+□+□+□)+(4+6+14)
=(□+□+□+□)+24
평균을 구하려면 (□+□+□+□)+24를 4로 나누면 됩니다. □를 하나씩 나누고, 24를 4로 나누어 6씩 나누어 주면 다음과 같습니다.

학생	키	평균
첫 번째	□	□+6
두 번째	□+4	□+6
세 번째	□+6	□+6
네 번째	□+14	□+6

평균은 □+6이므로, 첫 번째 학생의 키인 □보다 6cm 큽니다.

다른 풀이

색칠된 표 1칸을 2cm로 놓고 키 차이를 그림으로 나타내면 다음과 같습니다.

두 번째 학생은 첫 번째 학생보다 4cm 크므로 첫 번째 학생보다 2개의 칸을 색칠합니다.

세 번째 학생은 두 번째 학생보다 2cm 크므로 두 번째 학생보다 1개의 칸을 색칠합니다.

네 번째 학생은 세 번째 학생보다 8cm 크므로 세 번째 학생보다 4개의 칸을 색칠합니다.

첫 번째 두 번째 세 번째 네 번째

칠해진 칸을 옮겨 높이를 다 똑같이 맞추어 평균을 구합니다.

첫 번째 두 번째 세 번째 네 번째

첫 번째 학생보다 3칸 더 칠한 값이 평균이므로, 네 명의 키의 평균은 첫 번째 학생의 키보다 6cm 큽니다.

7 단계별 힌트

1단계	1분 동안 두 사람이 걷는 거리의 합을 구해 봅니다.
2단계	두 사람이 걷는 거리가 호수 1바퀴가 될 때 둘이 만나게 됩니다.

두 사람이 1분 동안 걷는 거리의 합은 0.42+0.54=0.96(km)입니다. 따라서 960m입니다.

호수의 둘레는 19.2km이므로 19200m입니다. 두 사람이 출발한 지 □분 후에 호수의 둘레를 1바퀴 돌아 만납니다. 이것을 식으로 쓰면 960×□=19200입니다.

□=19200÷960=20(분)입니다. 두 사람은 출발한 지 20분 후에 처음으로 만나게 됩니다.

8 단계별 힌트

1단계	높이가 같은 삼각형의 넓이는 밑변의 길이가 결정합니다.
2단계	(선분 ㄱㅁ)=(선분 ㅁㅂ)=(선분 ㅂㄷ)입니다. 삼각형 ㄱㄴㅁ, 삼각형 ㄴㅂㅁ, 삼각형 ㅂㄴㄷ의 넓이는 각각 얼마입니까?
3단계	삼각형 ㄹㅁㅂ은 삼각형 ㄴㅂㅁ과 점대칭의 위치에 있다는 것은 무엇을 뜻합니까? 점대칭도형의 성질을 떠올려 봅니다.

(선분 ㄱㅁ)=(선분 ㅁㅂ)=(선분 ㅂㄷ)입니다. 높이가 같은 삼각형의 넓이는 밑변의 길이가 결정합니다. 따라서 삼각형 ㄴㅂㅁ의 넓이는 삼각형 ㄱㄴㄷ의 넓이의 $\frac{1}{3}$입니다. 삼각형 ㄱㄴㄷ의 넓이는 15×20÷2=150(cm^2)이므로, 삼각형 ㄴㅂㅁ의 넓이는 150÷3=50(cm^2)입니다.

삼각형 ㄹㅁㅂ은 삼각형 ㄴㅂㅁ과 점대칭의 위치에 있으므로, 삼각형 ㄹㅁㅂ의 넓이 역시 50cm^2임을 알 수 있습니다.

사각형 ㅁㄴㅂㄹ의 넓이는 삼각형 ㄴㅂㅁ의 넓이와 삼각형 ㄹㅁㅂ의 넓이를 합한 것이므로, 사각형 ㅁㄴㅂㄹ의 넓이는 50+50=100(cm^2)입니다.

②세트

• 54쪽~57쪽

1. 60° **2.** 180명 **3.** 30통 **4.** 550명
5. 선분 ㅂㅅ **6.** 2시간 **7.** 80° **8.** 78점

1 단계별 힌트

1단계	삼각형을 돌려도 모양과 크기는 그대로입니다. 즉 두 삼각형은 합동입니다.
2단계	각 ㄴㄱㄷ 외에 각도가 35°인 곳이 또 있습니다. 어디인지 찾아봅니다.
3단계	변 ㄱㄷ과 변 ㄷㄹ이 이루는 각은 몇 도입니까? 어떻게 알 수 있습니까?

1. 삼각형 ㄱㄴㄷ과 삼각형 ㄹㅁㄷ은 합동입니다.
따라서 (각 ㄴㄱㄷ)=(각 ㅁㄹㄷ)=35°입니다.
2. 삼각형을 25° 돌렸으므로 각 ㅂㄷㄹ의 크기는 25°입니다.
3. 삼각형 ㄷㅂㄹ에서 각 ㄷㅂㄹ의 크기는
180°−(각 ㅂㄷㄹ)−(각 ㅁㄹㄷ)=180°−25°−35°=120°입니다.
4. ㉠=180°−(각 ㄷㅂㄹ)=180°−120°−60°

2 단계별 힌트

1단계	오전에 온 사람과 오후에 온 사람을 막대로 그려 봅니다.
2단계	두 수가 같다면, 분자를 같게 하여 전체 분모를 구해 봅니다.

오전에 온 사람 수의 $\frac{4}{9}$와 오후에 온 사람 수의 $\frac{2}{5}$가 같으므로, 서로 분자를 같게 합니다. $\frac{2}{5}=\frac{4}{10}$입니다.

이를 그림으로 나타내면 다음과 같습니다.

$\frac{4}{9}$와 $\frac{4}{10}$가 같기 때문에 1칸의 크기는 모두 같습니다.

오전과 오후에 온 사람들의 총 수는 19칸입니다. $380 \div 19 = 20$이므로 1칸은 20명입니다. 따라서 오전에 온 사람의 수는 9칸에 해당하는 180명입니다.

다른 풀이

전체 칸의 수를 알았다면 이를 수식으로 풀 수 있습니다. 오전과 오후에 온 사람들의 총 수는 19칸이고 380이므로, 오전에 온 사람의 수는 19칸 중 9칸입니다. 따라서 $380 \times \frac{9}{19} = 180$(명)

3 단계별 힌트

1단계	올림과 반올림의 개념을 복습합니다.
2단계	올림하여 백의 자리까지 나타냈을 때 200이 되는 수의 범위는 몇부터 몇입니까?
3단계	반올림하여 백의 자리까지 나타냈을 때 100이 되는 수의 범위는 몇부터 몇입니까?

학생 수가 가장 많은 경우를 대비하여 마카롱을 준비해야 합니다.

올림하여 백의 자리까지 나타내면 200이 되는 수의 범위는 100 초과 200 이하입니다.

반올림하여 백의 자리까지 나타내면 100이 되는 수의 범위는 50 이상 150 미만입니다.

두 수의 범위에서 중복되는 부분은 100 초과 150 미만이므로, 학생 수의 범위는 100 초과 150 미만입니다.

따라서 학생 수는 최소 101명, 최대 149명입니다. 따라서 149명에게 모두 마카롱을 2개씩 나누어 주는 경우를 생각하고 계산합니다.

모든 학생들에게 마카롱을 2개씩 나누어 주려면 $149 \times 2 = 298$(개)가 필요합니다. 그런데 $298 \div 10 = 29 \cdots 8$이므로, 10개가 들어 있는 마카롱 29통을 사면 8개가 부족합니다. 따라서 마카롱을 최소 30통 준비해야 합니다.

4 단계별 힌트

1단계	1월~3월까지의 관람객 수의 평균은 어떻게 계산합니까?
2단계	1월~4월까지의 관람객 수의 평균은 어떻게 계산합니까?
3단계	1월부터 4월까지의 평균이 1월부터 3월까지의 평균보다 50명 늘어나려면, 총 관람객의 수는 몇 명 늘어나야 합니까?

평균이 늘어나려면 4월 관람객의 수가 평균보다 커야 합니다.

1월부터 3월까지 관람객 수의 평균은

$\frac{300+350+400}{3}=\frac{1050}{3}=350$(명)입니다.

1월부터 4월까지의 관람객 수의 평균이 1월부터 3월까지의 관람객 수의 평균보다 50명 늘어나기 위해서는 4월 관람객의 수가 1월부터 3월까지의 관람객 수의 합보다 $50 \times 4 = 200$(명) 많아야 합니다.

따라서 4월의 관람객의 수는 $350+200=550$(명)입니다.

팁

평균은 자료의 값을 고르게 한 것입니다. 4월까지의 평균이 400명이 되어야 하므로 모든 달을 400명으로 만들어 준 후, 실제 각 달의 인원수를 씁니다. 모자라는 인원을 모두 4월의 관람객 수에 더합니다.

월	1월	2월	3월	4월
평균	400	400	400	400
실제	300	350	400	400+150
조절	100명 부족	50명 부족	그대로	150명 증가

5 단계별 힌트

1단계	선분 ㄱㄴ이 포함된 면과 만나는 세 면을 찾은 후, 선분 ㄱㄴ과 만나는 면을 찾습니다.
2단계	머릿속으로 상상이 잘되지 않으면 직접 그려서 접어 봅니다.

먼저 선분 ㄱㄴ이 포함된 면인 사각형 ㄱㄴㅍㅎ과 만나는 세 면을 찾아봅니다. 전개도를 접었을 때 서로 만나는 선분을 표시해 보면 다음과 같습니다.

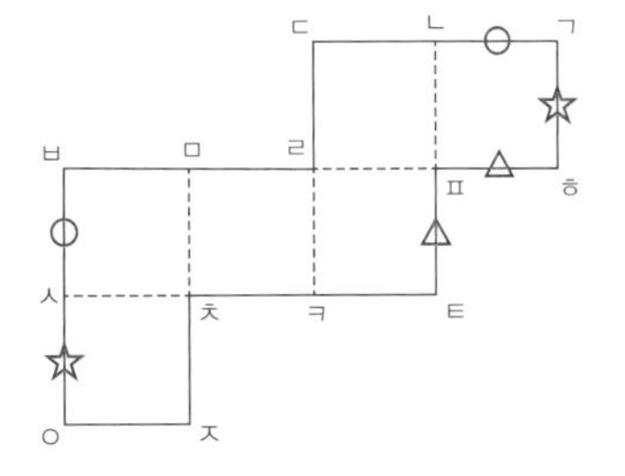

선분 ㄱㄴ과 겹치는 선분은 선분 ㅂㅅ입니다.

6 단계별 힌트

1단계	주현이와 슬기가 1시간에 하는 일의 양을 각각 분수로 표현해 봅니다.
2단계	전체 일의 양을 1로 생각해야 합니다.
3단계	주현이와 슬기가 함께 일하면 1시간에 얼마의 일을 할 수 있습니까?

전체 일의 양을 1로 생각하고, 1시간 동안 하는 일의 양을 분수로 나타냅니다.
주현이가 혼자서 일을 하면 6시간이 걸리므로 주현이가 1시간 동안 하는 일의 양은 전체의 $\frac{1}{6}$입니다.
슬기가 혼자서 일을 하면 3시간이 걸리므로 슬기가 1시간 동안 하는 일의 양은 전체의 $\frac{1}{3}$입니다.
따라서 두 사람이 함께 1시간 동안 하는 일의 양은
$\frac{1}{6}+\frac{1}{3}=\frac{1}{6}+\frac{2}{6}=\frac{3}{6}=\frac{1}{2}$입니다.
$\frac{1}{2}\times2=1$이므로 두 사람이 함께 일을 끝내는 데 2시간 걸립니다.

7 단계별 힌트

1단계	삼각형 ㄱㄴㄷ은 선분 ㄱㄹ을 대칭축으로 하는 선대칭도형입니다. 그렇다면 삼각형 ㄱㄴㄷ은 어떤 삼각형입니까?
2단계	삼각형 ㅁㄷㄱ도 이등변삼각형임을 알 수 있습니다.
3단계	이등변삼각형은 두 밑각의 크기가 같습니다.

1. 선대칭도형인 삼각형은 대칭축을 중심으로 좌우가 같으므로 이등변삼각형입니다. 따라서 삼각형 ㄱㄴㄷ과 삼각형 ㅁㄷㄱ은 이등변삼각형입니다.
2. 이등변삼각형 ㅁㄷㄱ에서 (각 ㅁㄷㄱ)=(각 ㅁㄱㄷ)=□°라 하면 (각 ㄱㄷㄹ)=(□+30)°입니다.
3. 삼각형 ㄱㄴㄷ에서 (각 ㄱㄷㄴ)=(각 ㄱㄴㄷ)이므로 다음의 식이 성립합니다.
□°+(□+30)°+(□+30)°=180°
→ (□+□+□)°+60°=120°+60°
→ (□×3)°=120°
→ □°=40°입니다.
4. (각 ㄱㄴㄷ)=(□+30)°=70°이므로, 삼각형 ㄴㅁㄷ에서 각 ㉠의 크기는 180°−(30°+70°)=80°입니다.

8 단계별 힌트

1단계	(나머지 25명의 성적의 합)=(전체 성적의 합)−(1~5등까지 5명의 성적의 합)입니다.
2단계	1등부터 5등까지 5명의 과학 성적의 총합은 몇 점입니까?
3단계	(성적의 합)=(성적의 평균)×(인원 수)입니다.

25명의 성적의 합은 전체 성적의 총합에서 1~5등까지 5명의 성적의 총합을 뺀 것입니다.
30명의 과학 성적의 평균은 80점이므로 30명의 과학 성적의 총합은 $80\times30=2400$(점)입니다.
그 중 5명의 과학 성적의 평균은 90점이므로 5명의 과학 성적의 총합은 $90\times5=450$(점)입니다.
즉 나머지 25명의 과학 성적의 총합은 $2400-450=1950$(점)입니다.
따라서 나머지 25명의 과학 성적의 평균은 $\frac{1950}{25}=78$(점)입니다.

③세트

• 58쪽~61쪽

1. $\frac{1}{2}$ **2.** (그림) **3.** 900대

4. 40° **5.** 4cm^2 **6.** $19\frac{1}{4}$L
7. 19명 초과 27명 미만 **8.** 5번

1 단계별 힌트

1단계	남은 사탕의 개수는 몇 개입니까?
2단계	남은 사탕 중 멜론맛 사탕의 개수는 몇 개입니까?
3단계	남은 사탕 중 멜론맛 사탕이 아닌 사탕의 개수는 몇 개입니까?

두 번째 사탕까지 꺼낸 후에 상자 안에 남아 있는 사탕을 생각해 봅니다. 딸기맛 사탕 3개, 포도맛 사탕 5개, 멜론맛 사탕 6개 중 딸기맛과 포도맛 사탕을 1개씩 꺼냈으므로 상자 안에 남아 있는 사탕은 딸기맛 사탕 2개, 포도맛 사탕 4개, 멜론맛 사탕 6개입니다.
전체 사탕은 $2+4+6=12$(개)이고 딸기맛 사탕과 포도맛 사탕이 $2+4=6$(개)이므로 세 번째로 꺼낸 사탕이 멜론맛이 아닐 가능성은 12개 중 6개, 즉 반반입니다. 따라서 수로 표현하면 $\frac{1}{2}$입니다.

2 단계별 힌트

1단계	한 점에서 만나는 면은 3개입니다.
2단계	점 ㄱ이 포함된 변은 무엇이고, 그 변은 어떤 변과 만나는지 확인합니다.
3단계	헷갈리면 전개도를 직접 오려서 접어 봅니다.

쉽게 찾기 위해 각 꼭짓점에 이름을 붙입니다.
점 ㄱ이 포함된 두 선분은 선분 ㄱㅎ과 선분 ㄱㄴ입니다.
전개도를 접었을 때 선분 ㄱㅎ과 겹치는 선분은 선분 ㅁㅂ이고, 선분 ㄱㄴ과 겹치는 선분은 선분 ㅁㄹ입니다.
따라서 전개도를 접었을 때 점 ㄱ과 만나는 세 면은 다음과 같습니다.

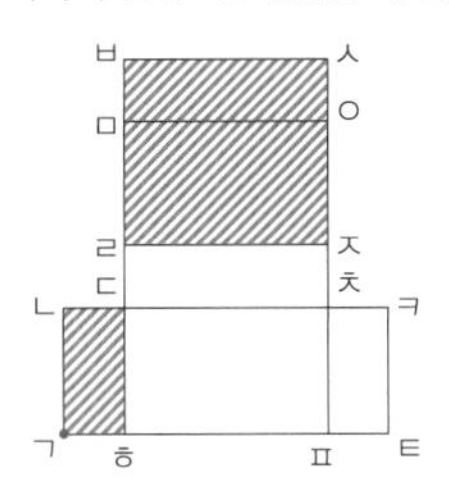

3 단계별 힌트

1단계	올해 목표 판매량부터 구해 봅니다.
2단계	작년 판매량의 1.4배는 어떻게 구할 수 있습니까?
3단계	작년 판매량의 0.5배는 작년 판매량에 0.5를 곱해 구합니다.

먼저 올해의 목표 판매량을 알아봅니다. 작년 판매량이 1000대이므로 올해의 목표 판매량은 $1000\times(1+0.4)=1000\times1.4=1400$(대)입니다.
지금까지 $1000\times0.5=500$(대) 팔았으므로, 올해 목표를 채우기 위해 더 팔아야 하는 냉장고의 대수는 $1400-500=900$(대)입니다.

4 단계별 힌트

1단계	이등변삼각형은 두 밑각의 크기가 같습니다.
2단계	종이를 접으면 합동인 도형이 생깁니다.
3단계	합동인 도형은 대응각의 크기가 같습니다.

1. 삼각형 ㄱㄴㄷ은 이등변삼각형이므로 (각 ㄴㄱㄷ)=(각ㄱㄴㄷ)=$(180°-40°)\div2=70°$입니다.
2. 접기 전 삼각형 ㄱㅁㄹ과 접힌 삼각형 ㅂㅁㄹ은 합동입니다. 따라서 (각 ㅁㅂㄹ)=(각 ㅁㄱㄹ)=70°입니다.
3. 삼각형 세 각의 크기의 합은 180°이므로 삼각형 ㄴㅁㅂ에서 (각 ㅁㅂㄴ)=$180°-(40°+70°)=70°$입니다.
4. 평각은 180°이므로, ㉠의 크기는 $180°-(70°+70°)=40°$입니다.

5 단계별 힌트

1단계	가장 작은 타일의 한 변의 길이를 □라고 놓아 봅니다.
2단계	□로 모든 타일의 변의 길이를 표현해 봅니다.
3단계	$5\frac{1}{3}$은 □의 몇 배입니까?

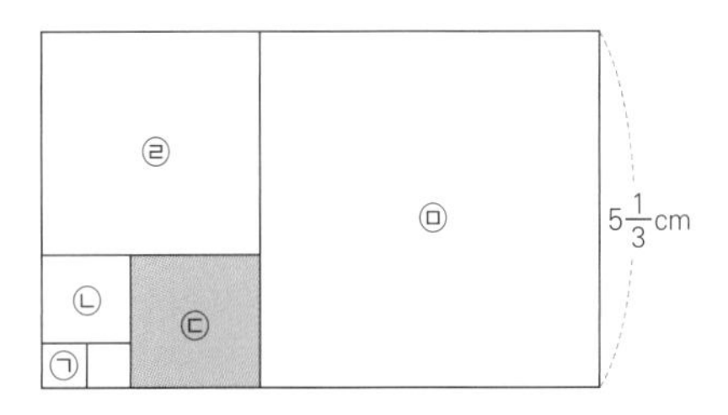

타일 ㉠의 한 변의 길이를 □라 놓고, 각 타일의 한 변의 길이를 식으로 나타내 봅니다.
(타일 ㉡의 한 변)=(타일 ㉠의 한 변)+(타일 ㉠의 한 변)=□×2
(타일 ㉢의 한 변)=(타일 ㉠의 한 변)+(타일 ㉡의 한 변)
=□+□×2=□×3(cm)
(타일 ㉣의 한 변)=(타일 ㉡의 한 변)+(타일 ㉢의 한 변)
=□×2+□×3=□×5(cm)
(타일 ㉤의 한 변)=(타일 ㉢의 한 변)+(타일 ㉣의 한 변)
=□×3+□×5=□×8(cm)
(타일 ㉤의 한 변)=$5\frac{1}{3}$=□×8(cm)이고,
□의 8배가 $5\frac{1}{3}$cm이므로
□=$5\frac{1}{3}\times\frac{1}{8}=\frac{16}{3}\times\frac{1}{8}=\frac{2}{3}$(cm)입니다.
타일들의 변의 길이를 정리하면 다음과 같습니다.

타일	한 변의 길이
㉠	$\frac{2}{3}$(cm)
㉡	$\frac{2}{3}\times2=\frac{4}{3}$(cm)
㉢	$\frac{2}{3}\times3=2$(cm)
㉣	$\frac{2}{3}\times5=\frac{10}{5}$(cm)
㉤	$\frac{2}{3}\times8=\frac{16}{5}$(cm)

따라서 색칠한 타일의 넓이는 ㉢의 넓이로 $2\times2=4$(cm^2)입니다.

6 단계별 힌트

1단계	4분 12초를 분수로 표현해 봅니다.
2단계	4분 12초=$4\frac{12}{60}$분=$4\frac{1}{5}$분=$\frac{21}{5}$분
3단계	두 수도꼭지를 동시에 틀었을 때 1분에 받을 수 있는 물의 양은 몇 L입니까?

4분 12초를 분수로 나타내어 분수의 곱셈식을 세웁니다.
1분=60초이므로 4분 12초를 분수로 나타내면 $4\frac{12}{60}=4\frac{1}{5}$(분)입니다.
한편 두 수도꼭지를 동시에 틀어 1분 동안 받을 수 있는 물의 양은 $1\frac{1}{4}+3\frac{1}{3}=1\frac{3}{12}+3\frac{4}{12}=4\frac{7}{12}$(L)입니다.

따라서 4분 12초 동안 받은 물의 양은
$4\frac{7}{12}\times4\frac{1}{5}=\frac{55}{12}\times\frac{21}{5}=\frac{77}{4}=19\frac{1}{4}$(L)입니다.

7 단계별 힌트

1단계	학생 수가 가장 적은 경우와 가장 많은 경우를 각각 생각해 봅니다.
2단계	학생 수가 가장 적을 때는 수학을 좋아하는 아이들 모두가 국어를 좋아할 때입니다.
3단계	학생 수가 가장 많을 때는 국어와 수학을 동시에 좋아하는 학생이 1명도 없을 때입니다.

학생 수가 가장 적은 경우는 국어를 좋아하는 학생 모두가 수학을 좋아하는 경우이므로, 학생 수가 가장 적은 경우의 학생 수는 10+10=20(명)입니다.
학생 수가 가장 많은 경우는 국어와 수학을 동시에 좋아하는 학생이 1명도 없는 경우이므로, 학생 수가 가장 많은 경우의 학생 수는 10+6+10=26(명)입니다.
학생 수는 20명 이상 26명 이하입니다. 이를 초과와 미만을 사용해 나타내면 19명 초과 27명 미만입니다.

8 단계별 힌트

1단계	평균이 75점에서 80점이 되려면 평균 5점이 늘어야 하고, 그렇다면 모든 시험 점수에 5점씩을 줄 수 있어야 합니다.
2단계	오늘 본 수학 시험 점수인 100점에서 지금까지 본 수학 시험 점수들의 평균인 75점을 빼면 25점입니다.
3단계	25점을 5점씩 나누어 줄 수 있습니다.

오늘까지의 평균이 어제까지의 평균보다 5점 올랐다는 사실을 근거로 문제를 풉니다.
만약 오늘 본 수학 시험도 75점을 받았다면 오늘까지 본 수학 시험 점수의 평균은 75점입니다. 그런데 실제로는 오늘 100점을 받았으므로, 수학 시험의 점수의 평균보다 25점 높은 점수가 생긴 것입니다. 이 25점으로 첫 번째 수학 시험부터 오늘 본 수학 시험까지 각각 점수를 5점씩 높여 주어야 합니다. 다시 말해 25점을 각 시험마다 고르게 5점씩 나누어 주어야 합니다.
따라서 오늘까지 본 수학 시험의 횟수는 25÷5=5(번)입니다.

④세트

• 62쪽~65쪽

1. 126000원	**2.** 352cm	**3.** 3.6L	**4.** 90°
5. 180m^2	**6.** 3249	**7.** 74.5점	**8.** 60cm

1 단계별 힌트

1단계	총 인원은 은지와 친구 8명을 합한 9명입니다.
2단계	7명이 더 낸 금액이 2명의 방탈출 카페의 이용 비용입니다.
3단계	1명의 카페 이용 비용을 구합니다.

취소한 사람들이 안 낸 금액만큼 돈을 더 걷어야 합니다.
9명 중 2명이 참석을 취소하면 남은 7명이 4000원씩 더 내야 하므로 7명이 더 내는 금액의 총 합계는 4000×7=28000(원)입니다.
이때 28000원은 취소한 2명이 내야 하는 금액의 합과 같으므로, 한 사람이 내야 하는 금액은 28000÷2=14000(원)입니다.
따라서 방탈출 카페의 비용은 14000×9=126000(원)입니다.

2 단계별 힌트

1단계	직육면체를 어디에서 자르든, 모든 모서리의 길이의 합은 일정합니다. 20을 3과 17로 나누든 5와 15로 나누든 합은 똑같이 20이기 때문입니다.
2단계	빨간색 선을 각각 모서리의 가운데라고 생각하면 계산이 쉽습니다.
3단계	4개의 똑같은 직육면체의 모서리의 길이의 합을 구해 봅니다.

빨간색 선을 따라 수직으로 자르면 4개의 직육면체로 나누어집니다. 그런데 어느 부분을 잘라도 만들어진 4개의 직육면체의 모든 모서리의 길이의 합은 서로 같습니다. 따라서 빨간색 선이 각 모서리를 반으로 나눈다고 생각하고 계산합니다.

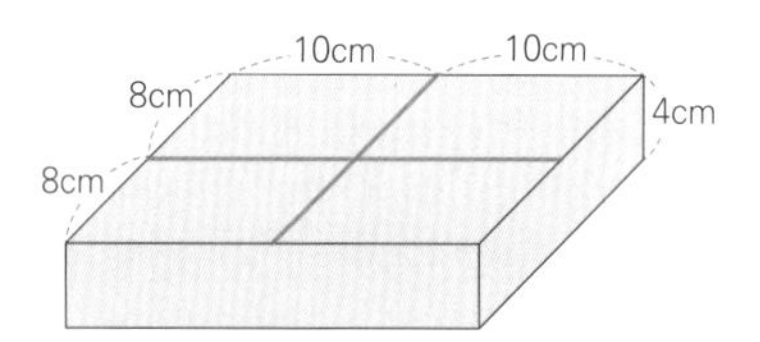

나누어진 작은 직육면체의 모서리의 길이는 각각 20÷2=10(cm), 16÷2=8(cm), 4(cm)입니다. 이 직육면체 하나의 모서리의 길이의 합은 (10×4)+(8×4)+(4×4)=88(cm)이고, 직육면체가 4개 있으므로 모든 모서리의 길이의 합은 88×4=352(cm)입니다.

3 단계별 힌트

1단계	자동차가 1시간 30분 동안 간 거리를 구합니다.

2단계	시간을 소수로 나타내어 소수의 곱셈식을 세워 봅니다.
3단계	(사용한 휘발유의 양)=(이동 거리)×0.03

1시간은 60분이므로 1시간 30분을 소수로 나타내면

$1\frac{30}{60}=1\frac{1}{2}=\frac{5}{10}=1.5$(시간)입니다.

1시간 30분 동안 간 거리는 80×1.5=120(km)입니다. 즉 자동차는 120km를 갈 수 있는 휘발유가 필요합니다.

따라서 사용한 휘발유의 양은 120×0.03=3.6(L)입니다.

4 단계별 힌트

1단계	삼각형 ㄱㄴㅁ과 합동인 삼각형은 무엇입니까?
2단계	두 삼각형이 합동이면 대응각의 크기가 같습니다.
3단계	평각은 180°입니다.

1. (선분 ㄴㅁ)$=10\times\frac{2}{5}=4$(cm)이고,
(선분 ㅁㄷ)=10−4=6(cm)입니다.
2. (선분 ㄹㅂ)$=6\times\frac{1}{3}=2$(cm)이고,
(선분 ㅂㄷ)=6−2=4(cm)입니다.
3. (선분 ㄱㄴ)=(선분 ㅁㄷ)=6cm이고,
(선분 ㄴㅁ)=(선분 ㄷㅂ)=4cm이고,
(각 ㄱㄴㅁ)=(각 ㅁㄷㅂ)=90°이므로
삼각형 ㄱㄴㅁ과 삼각형 ㅁㄷㅂ은 서로 합동입니다.

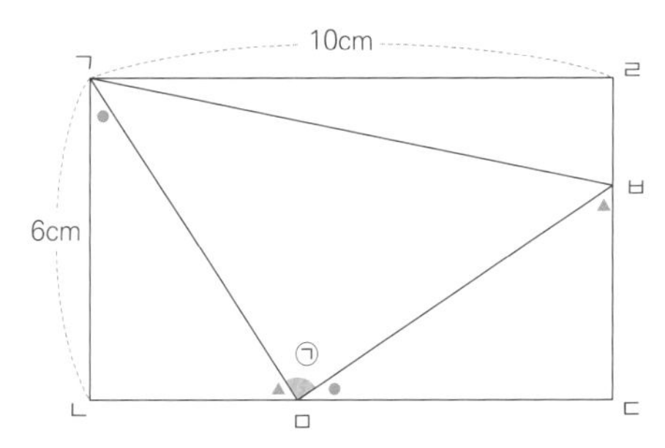

4. 삼각형의 한 각의 크기를 알면 나머지 두 각의 크기의 합을 알 수 있습니다.
(각 ㅁㄱㄴ)=(각 ㅂㅁㄷ)=●라 하고 (각 ㄱㅁㄴ)=(각 ㅁㅂㄷ)=▲라 하면 삼각형 ㄱㄴㅁ에서 ●+▲=180°−90°=90°입니다.
평각은 180°이므로 각 ㉠의 크기는 180°−(●+▲)=180°−90°=90° 입니다.

5 단계별 힌트

1단계	도로를 없애고 땅을 붙여서 직사각형을 만들어 봅니다.
2단계	가로와 세로의 길이가 어떻게 되었습니까? 원래 가로와 세로의 길이를 1로 놓고 분수로 표현해 봅니다.

색칠한 부분을 모아 보면 직사각형 모양입니다.

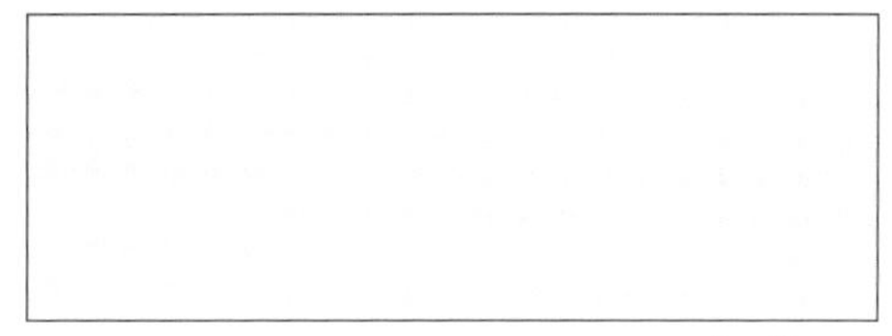

색칠한 부분을 모으면 가로가 전체 가로의 $1-\frac{1}{4}=\frac{3}{4}$이고 세로가 전체 세로의 $1-\frac{1}{3}=\frac{2}{3}$인 직사각형이 됩니다.

따라서 색칠한 부분의 넓이는 $360\times\frac{3}{4}\times\frac{2}{3}=180(m^2)$입니다.

6 단계별 힌트

1단계	반올림과 올림의 개념을 복습합니다.
2단계	십의 자리에서 반올림해서 3200이 되는 수는 몇 이상(혹은 초과) 몇 이하(혹은 미만)입니까?
3단계	버림하여 십의 자리까지 나타내면 일의 자리 수는 0이 됩니다.

1. 반올림하여 백의 자리까지 나타내면 3200이 될 수 있는 ㉡의 범위는 3150 이상 3250 미만입니다.
2. 그런데 어떤 수 ㉠을 버림하여 십의 자리까지 나타내어 ㉡을 만들었습니다. ㉡의 십의 자리 아래 수가 모두 0이 되므로 ㉡의 일의 자리 수는 0입니다.
3. 따라서 ㉡이 될 수 있는 자연수는 3150 이상 3250 미만의 수 중 일의 자리가 0인 수입니다. 즉, 3150, 3160, 3170 … 3230, 3240입니다.
4. 어떤 수 ㉠을 버림하여 십의 자리까지 나타낸 수가 3240일 때 ㉠이 가장 크고, 이때 어떤 수 ㉠의 범위는 3240 이상 3250 미만입니다.
5. 따라서 어떤 ㉠이 될 수 있는 수 중 가장 큰 자연수는 3249입니다.

7 단계별 힌트

1단계	전체 평균 80점과 79점은 1점 차이입니다. 그렇다면 학생이 100명일 때 총점은 몇 점 차이 납니까?
2단계	총점이 100점 차이라는 것은 남학생이 여학생보다 몇 명 더 많다는 뜻입니까?
3단계	남학생의 인원 수를 이용해서 전체 평균을 구해 봅니다.

남학생 수와 여학생 수의 차이를 알아봅니다.

1. 남학생 점수의 평균만 10점 올랐을 때 수학 점수 총점은 80×100=8000(점)이고, 여학생 점수의 평균만 10점 올랐을 때 수학 점수 총점은 79×100=7900(점)입니다.
똑같이 10점씩 올랐는데 여학생 점수의 평균만 올랐을 때보다 남학생 점수의 평균만 올랐을 때 전체 점수의 합이 더 높으므로 남학생의 수가 더 많습니다.

2. 남학생이 여학생보다 □명 더 많다고 하면, □명의 점수가 10점씩 오른 결과 수학 점수 총점이 8000－7900＝100(점)만큼 차이나므로 □×10＝100, □＝100÷10＝10(명)입니다. 따라서 남학생이 여학생보다 10명 많고 전체 학생의 수는 100명이므로 여학생은 (100－10)÷2＝45(명)이고, 남학생은 45+10＝55(명)입니다.
3. 남학생 55명의 점수의 평균만 10점 올랐을 때 전체 점수의 합이 8000점이므로 원래 전체 학생의 수학 점수 총점은 8000－(10×55)＝7450(점)입니다.
따라서 전체 학생의 점수의 평균은 7450÷100＝74.5(점) 입니다.

8 단계별 힌트

1단계	정육면체를 쌓아 올렸으므로 정육면체의 개수를 곧 길이로 볼 수 있습니다.
2단계	곱해서 12가 되는 두 수의 조합은 어떤 것들이 있습니까? 곱해서 18과 24가 되는 두 수도 각각 구해 봅니다.
3단계	2단계에서 찾은 두 수의 조합들 중, 정육면체를 이룰 수 있는 (가로, 세로, 높이)의 조합을 찾아봅니다.

1. 정육면체를 쌓아 올렸으므로 정육면체의 개수를 곧 직육면체 모양의 변의 길이로 생각합니다.
2. 앞면의 경우, 앞에서 보았을 때 12개이므로 앞면의 (가로, 세로)에 놓일 수 있는 상자의 수는 (1, 12), (2, 6), (3, 4), (4, 3), (6, 2), (12, 1)입니다.
3. 옆면의 경우, 옆에서 보았을 때 18개이므로 옆면의 (가로, 세로)에 놓일 수 있는 상자의 수는 (1, 18), (2, 9), (3, 6), (6, 3), (9, 2), (18, 1) 입니다.
4. 윗면의 경우, 위에서 보았을 때 24개이므로 윗면의 (가로, 세로)에 놓일 수 있는 상자의 수는 (1, 24), (2, 12), (3, 8), (4, 6), (6, 4), (8, 3), (12, 2), (24, 1) 입니다.
5. 그림으로 놓고 무엇과 무엇이 같아야 하는지 생각합니다.

6. 앞면의 세로와 옆면의 세로가 같아야 하므로 만족하는 조합은 다음과 같습니다.

길이	조합1	조합2	조합3
앞면	(6, 2)	(4, 3)	(2, 6)
옆면	(9, 2)	(6, 3)	(3, 6)

7. 6에서 구한 앞면과 옆면의 길이를 두고 윗면의 길이를 생각합니다. 앞면의 가로와 윗면의 가로가 같고, 옆면의 가로와 윗면의 세로가 같아야 하므로 만족하는 조합은 다음과 같습니다.

길이	조합1	조합2	조합3
앞면	(6, 2)	(4, 3)	(2, 6)
옆면	(9, 2)	(6, 3)	(3, 6)
윗면	×	(6, 4)	×

따라서 직육면체의 가로는 정육면체 상자 4개, 세로는 6개, 높이는 3개입니다.
정육면체 상자의 한 변의 길이는 20cm이므로, 영수가 쌓아 올린 직육면체의 높이는 20×3＝60(cm)입니다.

⑤세트

• 66쪽~69쪽

1. 1.08배 **2.** 45장 **3.** 90° **4.** 9명
5. 8개 **6.** 16°C **7.** $\frac{37}{64}$ **8.** $\frac{8}{33}$

1 단계별 힌트

1단계	작년 커피 가격을 □로 놓고 값을 계산해 봅니다.
2단계	작년에 팔던 가격보다 0.2만큼의 가격이 뛰었으면, 1+(1×0.2)입니다. 즉 1.2입니다.
3단계	0.1만큼 할인이면 곱하기 0.9를 하면 됩니다.

□보다 □의 0.2배 늘어난 후의 값은 □의 (1+0.2)배입니다.
올해 커피 가격은 작년 커피 가격보다 0.2배 올랐으므로 작년 커피 가격을 □원이라고 하면 올해 커피 가격은 □의 (1+0.2)배이므로 □×1.2(원)입니다.
커피 가격의 0.1만큼 할인하면 커피가격의 1－0.1＝0.9(배)만큼만 내면 되므로, 올해 매주 금요일의 커피 가격은 (□×1.2)×0.9입니다.
□×1.2×0.9＝□×1.08이므로, 올해 매주 금요일의 커피 가격은 작년 커피 가격의 1.08배입니다.

2 단계별 힌트

1단계	빨간색 색종이는 전체의 몇 분의 몇입니까?
2단계	3장은 전체 색종이 수의 몇 분의 몇입니까?

먼저 두 종류의 색종이가 각각 전체의 몇 분의 몇인지 알아봅니다.
민주가 가지고 있는 색종이의 $\frac{7}{15}$은 노란색이므로 빨간색은 전체의 $1-\frac{7}{15}=\frac{8}{15}$입니다.
즉 빨간색 색종이가 노란색 색종이보다 전체의 $\frac{1}{15}$만큼 많습니다.
전체의 $\frac{1}{15}$만큼이 3장이므로 민주가 가지고 있는 색종이는 모두 3×15＝45(장)입니다.

3 단계별 힌트

1단계	선분 ㄱㄴ과 선분 ㄴㄷ의 길이가 같고, 선분 ㄴㅁ과 선분 ㄷㅂ의 길이가 같습니다.
2단계	삼각형 ㄱㄴㅁ과 삼각형 ㄴㄷㅂ은 어떤 관계입니까?
3단계	각 ㄴㄱㅁ과 각 ㄱㅁㄴ의 합은 몇 도입니까?

1. (변 ㄱㄴ)=(변 ㄴㄷ), (변 ㄴㅁ)=(변 ㄷㅂ)입니다. 또한 (각 ㄱㄴㅁ)=(각 ㄴㄷㅂ)=90°이므로 삼각형 ㄱㄴㅁ과 삼각형 ㄴㄷㅂ은 서로 합동입니다.
2. 두 삼각형이 합동이므로, 각 ㄴㄱㅁ의 크기를 □°라고 놓으면 각 ㄷㄴㅂ도 □°입니다. 또한 각 ㄱㅁㄴ의 크기를 ○°라고 놓으면 각 ㄴㅂㄷ도 ○°입니다.
3. 삼각형 ㄱㄴㅁ에서 세 각의 합은 180°이므로 □°+○°+90°=180°입니다. 따라서 □°+○°=90°입니다.
4. 삼각형 ㅅㄴㅁ에서 (각 ㄴㅅㅁ)=180°-(□°+○°)=90°입니다.
5. 각 ㄴㅅㅁ과 ㉠은 맞꼭지각이므로 ㉠=90°입니다.

4 단계별 힌트

1단계	평균이 28.5점이므로 전체 총점은 28.5×20=570(점)입니다. 전체 총점을 이용해서 학생 수를 구하는 식을 세워 봅니다.
2단계	각 최종 점수는 몇 점 숏을 몇 번 성공해야 받을 수 있는지 생각해 봅니다.
3단계	20점을 받기 위해서는 20점 숏을 1번 성공시키고 나머지는 실패해야 합니다. 같은 거리에서 2번 숏을 쏠 수 없으므로, 20점을 받기 위해 10점 숏을 2번 쏠 수 없습니다.

1. 각 학생의 수부터 구합니다.
0점을 받은 학생 수를 □명, 50점을 받은 학생 수를 ○명이라고 하면
(전체 총점)
=0×□+10×3+20×4+30×3+40×4+50×○+60×1
=28.5×20
→ 420+50×○=570
→ 50×○=150
→ ○=150÷50=3(명)
반 학생이 20명이므로
□=20-(3+4+3+4+3+1)=20-18=2(명)입니다.
2. 각 점수별로 몇 점 숏을 몇 번 성공해야 받을 수 있는지 생각해 봅니다. 같은 거리에서 2번 숏을 쏠 수 없고 전부 다른 거리에서 쏘아야 함을 기억하며 헤아립니다.

받은 점수	성공한 숏	학생 수
10점	10점 숏+실패+실패	3명
20점	20점 숏+실패+실패	4명
30점	① 10점 숏+20점 숏+실패 ② 30점 숏+실패+실패	3명
40점	10점 숏+30점 숏+실패	4명
50점	20점 숏+30점 숏+실패	3명
60점	10점 숏+20점 숏+30점 숏	1명

40점, 50점, 60점을 받은 학생 4+3+1=8(명)은 30점 숏을 1번씩 성공한 학생입니다.
30점 숏을 성공한 학생은 10명이므로, 최종 30점을 받은 학생 중 30점 숏을 성공한 학생은 10-8=2(명)입니다. 따라서 30점을 받은 학생 중 10점 숏과 20점 숏을 동시에 성공한 학생은 3-2=1(명)입니다.
따라서 20점 숏을 성공한 학생을 정리하면 다음과 같습니다.

받은 점수	20점 숏을 성공한 학생
10점	0명
20점	4명
30점	1명
40점	0명
50점	3명
60점	1명

20점을 받은 학생은 모두 4+1+3+1=9(명)입니다.

5 단계별 힌트

1단계	한 면도 색칠되지 않은 정육면체는 어디에 위치합니까?

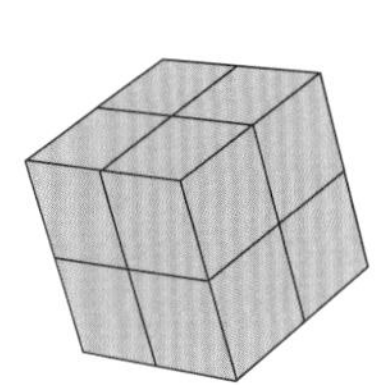

잘린 면은 색칠되지 않은 면입니다. 정육면체의 각 모서리를 4등분하여 작은 정육면체가 되도록 자르면 작은 정육면체가 4×4×4=64(개)가 생깁니다. 그 중에서 한 면도 색칠되지 않은 작은 정육면체는 2층과 3층에 각각 4개씩 있으므로 총 8개입니다.

6 단계별 힌트

1단계	1000m 높아질 때마다 6°C씩 떨어지면, 1500m 높아졌으면 기온이 몇 도 떨어집니까?
2단계	높이가 1m 높아질 때마다 기온이 약 몇 °C씩 떨어지는지 소수를 이용해 계산해 봅니다.

높이가 1km 높아질 때마다 기온이 약 6°C씩 떨어집니다.
1(km)=1000(m)이므로 높이가 1m 높아질 때마다 기온은 약 6×0.001=0.006(°C)씩 떨어집니다. 그러므로 높이가 1500m인 산꼭대기의 기온은 지표면의 기온보다 약 0.006×1500=9(°C) 낮습니

다. 따라서 지표면에서의 기온이 25°C일 때, 높이가 1500m인 산꼭대기에서의 기온을 재면 약 25−9=16(°C)입니다.

7 단계별 힌트

1단계	두 번째 그림의 녹색 정삼각형은 처음 하얀색 정삼각형 넓이의 몇 분의 몇입니까?
2단계	정삼각형의 개수를 크기별로 세어 봅니다.

가장 큰 초록색 삼각형을 ㉮, 그 다음으로 큰 초록색 삼각형을 ㉯, 가장 작은 초록색 삼각형을 ㉰로 놓고 각각의 넓이와 개수가 각각 어떻게 변하는지 알아봅니다.

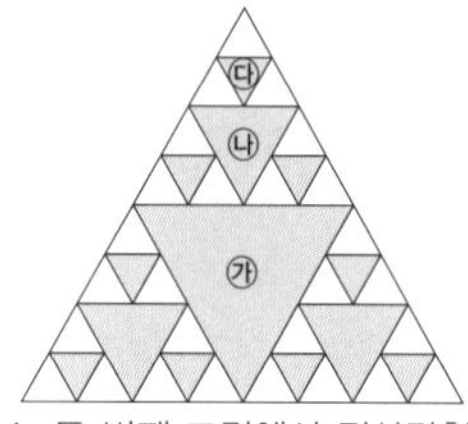

1. 두 번째 그림에서 정삼각형에서 각 변의 한가운데 점을 이어서 초록색 정삼각형 ㉮를 그렸습니다. 이때 생긴 작은 하얀색 삼각형들을 살펴봅니다.

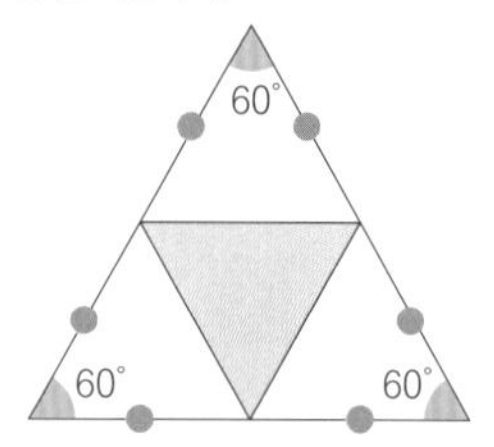

작은 하얀색 삼각형들은 두 변의 길이가 같은 이등변삼각형이고 그 사이 각이 60°이므로, 밑각은 (180°−60°)÷2=60°입니다. 즉 작은 하얀색 삼각형들은 변의 길이가 모두 같은 정삼각형으로 모두 합동입니다. 그런데 삼각형 ㉮는 하얀 삼각형들과 변의 길이가 같습니다. 따라서 ㉮는 정삼각형으로 하얀 삼각형들과 합동임을 알 수 있습니다. 처음 정삼각형을 하얀색 삼각형 3개와 ㉮ 1개, 모두 4개의 합동인 삼각형으로 나누었으므로, ㉮는 처음 하얀색 삼각형의 넓이의 $\frac{1}{4}$임을 알 수 있습니다.

2. 같은 논리로 세 번째 그림을 살펴보면, ㉯ 1개의 넓이는 ㉮의 $\frac{1}{4}$임을 알 수 있습니다. 또한 네 번째 그림에서 ㉰ 1개의 넓이는 ㉯의 넓이의 $\frac{1}{4}$임을 알 수 있습니다.

3. 처음 정삼각형의 넓이는 1이므로

(㉮의 넓이)$=1\times\frac{1}{4}$

(㉯의 넓이)=(㉮의 넓이)$\times\frac{1}{4}=\frac{1}{4}\times\frac{1}{4}$

(㉰의 넓이)=(㉯의 넓이)$\times\frac{1}{4}=\frac{1}{4}\times\frac{1}{4}\times\frac{1}{4}$

㉮는 1개, ㉯는 3개, ㉰는 9개입니다.

따라서 네 번째 그림에서 초록색으로 칠한 부분의 넓이의 합은

$\frac{1}{4}+\frac{1}{4}\times\frac{1}{4}\times3+\frac{1}{4}\times\frac{1}{4}\times\frac{1}{4}\times9=\frac{1}{4}+\frac{3}{16}+\frac{9}{64}=\frac{16+12+9}{64}$

$=\frac{37}{64}$입니다.

8 단계별 힌트

1단계	분수의 규칙을 찾기 어려우면, 분자와 분모의 규칙을 따로 찾아봅니다.
2단계	분자의 규칙은 찾기 쉽습니다. 분모는 어떤 규칙으로 움직입니까?

분자는 자연수 형태의 배열 순서 규칙입니다. 따라서 27번째 분수의 분자는 27, 40번째 분수의 분자는 40입니다.

분모는 3, 5, 7, 9, 11, …의 순서로 움직입니다. 즉 □번마다 2씩 늘어나는데, 첫 번째 수가 3이므로 (분모)=□×2+1입니다.

따라서 (27번째 분수)$=\frac{27}{27\times2+1}=\frac{27}{55}$

(40번째 분수)$=\frac{40}{40\times2+1}=\frac{40}{81}$

27번째 분수와 40번째 분수의 곱은 $\frac{27}{55}\times\frac{40}{81}=\frac{8}{33}$

실력 진단 테스트

• 72쪽~79쪽

1. 4개 **2.** 15명 **3.** 오전 11시 30분 **4.** 285명
5. 60cm **6.** 정사각형이 $39\frac{1}{16}$ cm^2 더 넓습니다.
7. $\frac{1}{15}$ **8.** ㉯ 물통의 물이 $\frac{1}{16}$L 더 많습니다.
9. 59.4kg **10.** ③ **11.** 44.64 **12.** 16
13. $31\frac{2}{5}$m **14.** $\frac{1}{6}$ **15.** 108대

1 하 단계별 힌트

1단계	올림과 반올림의 의미를 복습합니다.
2단계	올림하여 십의 자리까지 나타냈을 때 80이 되는 수는 71 이상 80 이하입니다.
3단계	반올림하여 십의 자리까지 나타냈을 때 70이 되는 수는 65 이상 74 이하입니다.

올림하여 80이 되는 수는 71, 72, 73, 74, 75, 76, 77, 78, 79, 80입니다.

반올림하여 70이 되는 수는 65, 66, 67, 68, 69, 70, 71, 72, 73, 74입니다.

이 두 개를 모두 만족하는 수는 71, 72, 73, 74로 4개입니다.

2 중 단계별 힌트

1단계	더 많은 사람이 타려면 누구를 더 많이 태워야 합니까?
2단계	더 많은 사람이 타려면 더 가벼운 38kg인 사람을 모두 태워야 합니다. 38kg인 사람 10명을 전부 태우고, 추가로 50kg인 사람을 몇 명 태울 수 있는지 확인합니다.

되도록 많이 태우려면 무게가 적게 나가는 38kg인 사람 10명이 모두 타야 합니다. 38kg인 사람 10명의 무게는 380kg입니다. 따라서 엘리베이터에 추가로 실을 수 있는 무게는 $680-380=300$(kg) 미만입니다. 따라서 50kg인 사람은 300kg보다 적게 되도록 타면 됩니다.

$50\times6=300$(kg)이므로, 50kg인 사람이 6명이 타면 680kg이 되어 엘리베이터가 움직이지 않습니다. 따라서 50kg인 사람은 5명까지 더 탈 수 있습니다.

따라서 엘리베이터에 탈 수 있는 사람의 수는 $10+5=15$(명)입니다.

3 하 단계별 힌트

1단계	2주일은 14일입니다.
2단계	14일 동안 시계는 얼마나 늦어지는지 어떻게 계산합니까?

시계는 하루에 $2\frac{1}{7}$분씩 늦어지고, 2주일은 14일입니다.

따라서 2주일 동안 늦어지는 시간은 $2\frac{1}{7}\times14=\frac{15}{7}\times14=\frac{210}{7}$ $=30$(분)입니다.

2주일 후 이 시계가 가리키는 시각은 12시에서 30분이 늦은 오전 11시 30분입니다.

4 상 단계별 힌트

1단계	남학생은 전체의 몇 분의 몇이지?
2단계	남학생과 여학생의 차이는 전체의 몇 분의 몇이지?
3단계	(여학생 수)=(전체 인원수)$\times\frac{19}{40}$

남학생 수는 전체의 $1-\frac{19}{40}=\frac{21}{40}$입니다.

남학생과 여학생의 차이는 $\frac{21}{40}-\frac{19}{40}=\frac{2}{40}=\frac{1}{20}$입니다.

전체의 $\frac{1}{20}$이 30명이므로 전체 학생 수는 $30\times20=600$(명)입니다.

따라서 여학생 수는 $600\times\frac{19}{40}=285$(명)입니다.

5 하 단계별 힌트

1단계	하나의 직육면체에는 길이가 같은 모서리가 몇 개씩 있습니까?
2단계	모서리의 길이는 3cm, 5cm , 7cm로 세 종류입니다.

직육면체에서는 길이가 같은 모서리가 각각 4개씩 3쌍이 있습니다. 모든 모서리의 길이의 합은 $(5+3+7)\times4=60$(cm)입니다.

6 상 단계별 힌트

1단계	정사각형의 한 변의 길이를 어떻게 계산합니까?
2단계	세로를 $\frac{5}{12}$만큼 늘린다는 것은 세로의 길이에 (세로)$\times\frac{5}{12}$를 더한다는 뜻입니다.
3단계	직사각형의 둘레의 길이가 60cm이므로, 가로 한 변과 세로 한 변의 길이의 합은 30cm입니다.

1. (정사각형 한 변의 길이)$=60\div4=15$(cm)
2. (정사각형의 넓이)$=15\times15=225$(cm^2)
3. (직사각형의 세로의 길이)
$=15+15\times\frac{5}{12}=15+\frac{25}{4}=15+6\frac{1}{4}=21\frac{1}{4}$(cm)
4. 직사각형의 가로와 세로의 길이의 합은 30cm이므로
(직사각형의 가로의 길이)$=30-21\frac{1}{4}=8\frac{3}{4}$(cm)
5. (직사각형의 넓이)
$=21\frac{1}{4}\times8\frac{3}{4}=\frac{85}{4}\times\frac{35}{4}=\frac{2975}{16}=185\frac{15}{16}$(cm^2)
(두 도형의 넓이의 차)
$=225-185\frac{15}{16}=39\frac{1}{16}$(cm^2)

7 하 단계별 힌트

1단계	괄호 안부터 계산하고, 그 다음 사칙연산의 계산 순서에 맞게 계산합니다.
2단계	뺄셈 시 분모가 다를 경우 분모를 같게 해 줍니다.

$(1\frac{1}{10}-\frac{5}{6})\times\frac{1}{4}$
$=(\frac{11}{10}-\frac{5}{6})\times\frac{1}{4}$
$=(\frac{33}{30}-\frac{25}{30})\times\frac{1}{4}$
$=\frac{8}{30}\times\frac{1}{4}$
$=\frac{1}{15}$

8 중 단계별 힌트

1단계	초를 분 단위로 고치기 위해 분수로 고쳐 봅니다.
2단계	각 수도꼭지에서 1분 동안 나오는 물의 양에 물을 받은 시간을 곱하면 총 물의 양을 구할 수 있습니다.

1. 3분 45초는 $3\frac{3}{4}$분이므로 ㉮ 물통에 받은 물의 양은
$1\frac{2}{5}\times3\frac{3}{4}=\frac{7}{5}\times\frac{15}{4}=\frac{21}{4}=5\frac{1}{4}$(L)

2. 4분 15초는 $4\frac{1}{4}$분이므로 ㉯ 물통에 받은 물의 양은
$1\frac{1}{4}\times4\frac{1}{4}=\frac{5}{4}\times\frac{17}{4}=\frac{85}{16}=5\frac{5}{16}$(L)

3. 분모를 통일합니다. $5\frac{1}{4}=5\frac{4}{16}$입니다.
㉯에서 ㉮를 빼면 $5\frac{5}{16}-5\frac{4}{16}=\frac{1}{16}$(L)
㉮ 물통에 받은 물의 양보다 ㉯ 물통에 받은 물의 양이 $\frac{1}{16}$L 더 많습니다.

9 하 단계별 힌트

1단계	동생의 몸무게부터 구합니다.
2단계	동생의 몸무게를 이용해 어머니의 몸무게를 구할 수 있습니다.

(동생의 몸무게) $=45\times0.8=36$(kg)
(어머니의 몸무게) $=36\times1.65=59.4$(kg)

10 하 단계별 힌트

1단계	소수의 곱셈하는 법을 복습합니다.
2단계	자연수의 계산과 같이 계산한 후 소수점을 찍은 후 위치가 맞는지 확인해 봅니다.

바른 계산 결과는 다음과 같습니다.
① $0.21\times0.5=0.105$
② $0.38\times0.4=0.152$
④ $0.8\times0.27=0.216$
⑤ $0.77\times0.31=0.2387$

11 중 단계별 힌트

1단계	620과 0.62는 몇 배 차이 납니까?
2단계	620과 0.62는 곱해지는 수가 소수점이 세 자리 수만큼 차이 납니다.
3단계	어떤 수를 □라고 놓고 계산해 보는 것도 좋습니다.

(어떤 수)$\times620=44640$입니다. 0.62는 620의 $\frac{1}{1000}$이므로, 바른 계산 결과를 얻으려면 44640에 $\frac{1}{1000}$을 곱해야 합니다. 따라서 소수점을 세 자리만큼 앞으로 보내면 됩니다.
따라서 (어떤 수)$\times0.62=44.64$

12 상 단계별 힌트

1단계	주사위에 적힌 서로 다른 6개의 수를 찾아 적어 봅니다.
2단계	평행한 면에 적힌 수의 합이 일정하려면 6개의 수를 2개씩 묶었을 때 합이 똑같아야 합니다.

주사위에는 3, 5, 7, 9, 11, 13의 6개 수가 적혀 있습니다.
평행한 면에 적힌 수의 합이 일정하려면 (3, 13), (5, 11), (7, 9)의 수끼리 평행해야 하고, 그때의 수의 합은 16입니다.

팁
주사위에 적힌 수는 3, 5, 7, 9, 11, 13으로 2씩 건너뛰는 수입니다. 이처럼 간격이 일정한 수들을 접하면 첫 수와 끝 수를 더해 보고, 두 번째 수와 끝에서 두 번째 수를 더해 보아 같은지 확인하면 좋습니다. 가우스가 1부터 100까지 모두 더할 때 썼던 방법을 떠올립니다.

13 중 단계별 힌트

1단계	끈이 가로, 세로, 높이를 몇 번씩 지나갑니까?
2단계	매듭의 길이를 분수로 표현해 봅니다.

매듭의 길이는 60(cm) $=0.6$(m) $=\frac{3}{5}$(m)입니다.
한편 끈은 가로로 2번 지나가고, 세로로 4번 지나가고, 높이로 6번 지나갑니다.
따라서 상자를 두른 끈의 총 길이를 구하는 식을 세우면 다음과 같습니다.
(총 길이) $=$ (가로$\times2$)$+$(세로$\times4$)$+$(높이$\times6$)$+\frac{3}{5}$
$=(3\frac{2}{5}\times2)+(2\frac{3}{4}\times4)+(2\frac{1}{6}\times6)+\frac{3}{5}$
$=(\frac{17}{5}\times2)+(\frac{11}{4}\times4)+(\frac{13}{6}\times6)+\frac{3}{5}$
$=\frac{34}{5}+11+13+\frac{3}{5}$
$=6\frac{4}{5}+11+13+\frac{3}{5}$
$=(6+11+13)+\frac{4}{5}+\frac{3}{5}$
$=30+\frac{7}{5}$
$=31\frac{2}{5}$

14 상 단계별 힌트

1단계	$\frac{1}{3}$을 나누어 주면 남는 초콜릿은 몇 분의 몇입니까?
2단계	나머지의 $\frac{1}{4}$을 나누어 주면 얼마가 남고, 그 나머지의 $\frac{1}{3}$을 나누어 주면 얼마가 남습니까? 분수의 곱셈식으로 표현할 수 있습니다.
3단계	많은 분수의 곱셈을 간편하게 하려면 약분을 해야 합니다.

첫 번째 친구에게 전체의 $\frac{1}{3}$을 나누어 주면 전체의 $\frac{2}{3}$가 남습니다.
(처음에 초콜릿을 주고 남은 양) $= 1 - \frac{1}{3} = \frac{2}{3}$
두 번째 친구에게 나머지의 $\frac{1}{4}$을 나누어 주면 나머지의 $\frac{3}{4}$이 남습니다.
(둘째 번에 초콜릿을 주고 남은 양) $= \frac{2}{3} \times (1 - \frac{1}{4}) = \frac{2}{3} \times \frac{3}{4}$
세 번째 친구에게 나머지의 $\frac{1}{5}$을 나누어 주면 나머지의 $\frac{4}{5}$가 남습니다.
(셋째 번에 초콜릿을 주고 남은 양) $= \frac{2}{3} \times \frac{3}{4} \times (1 - \frac{1}{5}) = \frac{2}{3} \times \frac{3}{4} \times \frac{4}{5}$
이와 같은 방법으로 열 번째 친구에게까지 초콜릿을 나누어 주면
전체의 $\frac{2}{3} \times \frac{3}{4} \times \frac{4}{5} \times \frac{5}{6} \times \frac{6}{7} \times \frac{7}{8} \times \frac{8}{9} \times \frac{9}{10} \times \frac{10}{11} \times \frac{11}{12}$
이 남습니다.
$\frac{2}{\cancel{3}} \times \frac{\cancel{3}}{\cancel{4}} \times \frac{\cancel{4}}{\cancel{5}} \times \frac{\cancel{5}}{\cancel{6}} \times \frac{\cancel{6}}{\cancel{7}} \times \frac{\cancel{7}}{\cancel{8}} \times \frac{\cancel{8}}{\cancel{9}} \times \frac{\cancel{9}}{\cancel{10}} \times \frac{\cancel{10}}{\cancel{11}} \times \frac{\cancel{11}}{12}$로 계산 가능하므로
답은 $\frac{2}{12} = \frac{1}{6}$입니다.

15 상

단계별 힌트

1단계	전체 학생 수를 1로 놓고 분수를 이용해 문제를 풉니다.
2단계	대형 버스 1대에 태울 수 있는 학생의 수와 소형 버스 1대에 태울 수 있는 학생의 수를 □와 △라 놓고 식을 세워 봅니다. $□+△=\frac{1}{36}$
3단계	(대형 버스 30대)+(소형 버스 48대)=1로 식을 세우고 정리합니다. 2단계에서 $□+△=\frac{1}{36}$라는 식을 세웠으므로 함께 활용해 문제를 풀어 봅니다.

1. 대형 버스 1대에 태울 수 있는 학생은 전체의 □, 소형 버스 1대에 태울 수 있는 학생은 전체의 △라고 하면 $□+△=\frac{1}{36}$입니다.
2. 대형 버스 30대에 태울 수 있는 학생의 수는 □×30이고, 소형 버스 48대에 태울 수 있는 학생의 수는 △×48입니다. 대형 버스 30대와 소형 버스 48대로 전체 학생을 태울 수 있기 때문에
□×30+△×48=1입니다. (전체 학생 수가 1이므로)
3. 식을 정리합니다.
□×30+△×48=1
→ □×30+(△×30+△×18)=1
→ (□+△)×30+△×18=1
그런데 $□+△=\frac{1}{36}$이므로
$\frac{1}{36}\times30+△\times18=1$
→ $\frac{5}{6}+△\times18=1$
→ $△\times18=\frac{1}{6}$
→ $△\times18\times\frac{1}{18}=\frac{1}{6}\times\frac{1}{18}$
따라서 $△=\frac{1}{108}$
소형 버스 1대에 전체 학생의 $\frac{1}{108}$을 태울 수 있으므로
전체를 태우려면 108대가 있어야 합니다.

실력 진단 결과

채점을 한 후, 다음과 같이 점수를 계산합니다.
(내 점수)=(맞은 개수)×6+10(점)

내 점수: _______ 점

점수별 등급표
90점~100점: 1등급(~4%)
80점~90점: 2등급(4~11%)
70점~80점: 3등급(11~23%)
60점~70점: 4등급(23~40%)
50점~60점: 5등급(40~60%)

※해당 등급은 절대적이지 않으며 지역, 학교 시험 난도, 기타 환경 요소에 따라 편차가 존재할 수 있으므로 신중하게 활용하시기 바랍니다.